W0087212

BERTOLD HOCK

WAS IST LEBEN?

Antworten aus der Biologie

BERTOLD HOCK

WAS IST LEBEN?

Antworten aus der Biologie

KOMPLETTMEDIA

Originalausgabe
1. Auflage 2018
Verlag Komplett-Media GmbH
2018, München/Grünwald
www.komplett-media.de
ISBN: 978-3-8312-0465-6

Auch als E-Book erhältlich

Lektorat: Redaktionsbüro Diana Napolitano, Augsburg
Korrektorat: Redaktionsbüro Julia Feldbaum, Augsburg
Umschlaggestaltung: X-Design, München
Satz: Daniel Förster, Belgern
Druck & Bindung: CPI books GmbH, Leck
Printed in Germany

INHALT

EINLEITUNG

Zu gern möchte man wissen, ob es Leben außerhalb der Erde gibt – irgendwo im Weltraum, auf einem fernen Planeten. Was die Außerirdischen betrifft, sind der Fantasie keine Grenzen gesetzt. Seltsame Kreaturen, Aliens genannt, geistern durch die Horrorfilme: weiße, grüne oder graue Männchen mit übergroßem Schädel, kleinem Kinn und mandelförmigen Augen. Manchmal sind es auch echsen- oder insektenähnliche Gestalten. Solche Vorstellungen sollen in erster Linie gruselig wirken, tragen aber wenig zu der Frage bei, ob es Leben außerhalb der Erde gibt.

Sollten es intelligente Lebewesen sein, würden sie sich, so hofft man, durch Signale aus dem Radiobereich des elektromagnetischen Spektrums, vielleicht auch durch Lasersignale, zu erkennen geben. Dies wäre ein erster Schritt, außerirdisches Leben zu identifizieren. Die größten Radioteleskope der Welt sammeln im Rahmen von SETI (Suche nach extraterrestrischer Intelligenz) Daten, die mithilfe von Supercomputern auf Spuren außerirdischer Zivilisationen hin untersucht werden. Bislang ist man jedoch nicht fündig geworden!

Wie sieht es jedoch aus, wenn es einfachere Lebensformen wären, die sich nicht durch intelligentes Verhalten zu erkennen gäben, also durch das Aussenden entschlüsselbarer Signale? Dann müssten wir uns auf andere Weise behelfen. Wir wären auf Spuren aus dem Weltall angewiesen, zum Beispiel auf Meteoritenmaterial oder, noch besser, auf Proben, die wir mithilfe von Sonden aus dem Weltall bekommen könnten.

Wenn man von dieser Möglichkeit ausgeht, dann wäre man in der Lage, das entsprechende Material auf Lebensspuren zu untersuchen. Doch wir müssten zuerst wissen: »Was ist Leben?« Sonst hätten wir kein Kriterium, wonach wir überhaupt suchen müssen.

WAS IST LEBEN?

Die Frage »Was ist Leben?« ist eine der grundlegendsten Fragen überhaupt. Sie hat die Menschheit seit ihren Anfängen beschäftigt. Und sie zählt
auch zu den schwierigsten – vor allem, wenn man
an die ungeheure Vielfalt des Lebens denkt.

Zunächst ist festzuhalten, dass die Frage »Was
ist Leben?« vieldeutig ist, denn sie richtet sich nicht
nur an die Biologie, sondern ebenso an die Philo-
sophie, die Theologie und die Sozialwissenschaf-
ten. Und so überrascht es nicht, dass nicht nur die
herausragendsten Wissenschaftler, sondern auch
die bedeutendsten Philosophen, Theologen und
Schriftsteller dazu Stellung genommen haben.

Wir wollen hier die Biologie, die Wissenschaft
vom Leben, zurate ziehen. Um der Vieldeutigkeit
zu entgehen, konzentrieren wir uns auf die Fragen:
Was sind Lebewesen? Worin unterscheidet sich die
belebte von der unbelebten Materie?

DER ZELLULÄRE AUFBAU
ALLER LEBEWESEN

Es gibt ein ebenso einfaches wie praktisches Merkmal, mit dem sich Lebewesen von allen anderen Erscheinungsformen unterscheiden lassen: Es ist der zelluläre Aufbau. Alle Lebewesen sind aus Zellen aufgebaut, die Einzeller aus einer einzigen Zelle, die Vielzeller aus vielen Zellen. Erscheinungsformen, die nicht aus Zellen bestehen, sind keine Lebewesen. Dies gilt insbesondere für die Viren, die nicht zellulär, sondern viel einfacher gebaut sind und denen wesentliche Eigenschaften der Lebewesen fehlen, beispielsweise ein eigenständiger Stoffwechsel und eine eigenständige Vermehrung.

So nützlich das strukturelle Merkmal »zellulärer Aufbau« auch ist, um Lebewesen zu identifizieren, so wenig erfahren wir daraus über weitere grundlegende Eigenschaften lebendiger Systeme. Ohne dieses Wissen lässt sich die Frage »Worin unterscheidet sich belebte von unbelebter Materie?« nicht befriedigend beantworten.

WACHSTUM UND ENTWICKLUNG

Wir alle sind zumindest mit einigen wesentlichen Eigenschaften sämtlicher lebendiger Systeme vertraut. Dazu zählen Wachstum, Entwicklung, Stoffwechsel, Fortpflanzung und einiges mehr. Im Folgenden werden einige besonders eindrucksvolle Beispiele aufgeführt, um daraus erste Besonderheiten der Lebewesen abzuleiten.

Die auffälligsten Wachstumsvorgänge finden sich im Pflanzenreich: Bambussprossen wachsen unter optimalen Bedingungen über 50 Zentimeter pro Tag. Blattscheiden der Banane bringen es sogar auf 160 Zentimeter pro Tag. Selbstverständlich gelten diese Werte nur für kurze Perioden zu Beginn des Wachstums. Sie sind auch nur möglich, weil hier alle Zellen dieser Organe bereits zu Beginn des Wachstums vorliegen und sich nur noch strecken müssen.

Mithilfe ihres Wachstums erreichen einige Organismen erstaunliche Größen: Der Blauwal bringt es auf eine Länge von 33 Metern, dies entspricht der halben Breite eines Fußballfeldes. Sein Maximalgewicht beträgt 136 Tonnen – dem Gewicht von mehr als drei voll beladenen Sattelschleppern mit einem Gewicht von je 42 Tonnen. Unter den heute lebenden Bäumen ragt der Küsten-Mammutbaum *(Sequoia sempervirens)* mit einer Höhe bis zu 120 Metern heraus. Der Hallimasch, um einen Vertreter der Pilze zu nennen, ist einer der bedeutendsten Schadpilze im Forst. Im Staat Oregon (USA) wurde das Pilzgeflecht (Myzel) eines einzigen Pilzes mit einer Flächenausdehnung von 9 Quadratkilometern entdeckt. Dies entspricht einer Fläche von etwa 1200 Fußballfeldern. Man hat ausgerechnet, dass hierzu 2400 Jahre Wachstum erforderlich waren.

Am unteren Ende der biologischen Größenskala finden wir die Bakterien. Sie zählen zusammen mit den *Archaeen* zu den *Prokaryoten* und verfügen über keinen echten Zellkern. Ihre Zellen liegen gewöhnlich in einer Größenordnung zwischen 1 und 5 Mikrometern (1 Mikrometer ist der tausendste Teil eines Millimeters). Die *Eukaryotenzellen* – sie besitzen einen echten Zellkern – weisen Größenordnungen vom Zehnfachen und mehr auf. An der Spitze liegen die Pflanzenzellen, die durchschnittlich 50 bis 100 Mikrometer groß sind.

Aber es ist nicht so sehr die Zellgröße, die den Eukaryoten Größenordnungen ermöglichen, wie wir sie von den Bäumen oder Säugetieren her kennen. Entscheidend ist die Vielzelligkeit, die wir nur bei den meisten Eukaryoten antreffen. Der Mensch besteht aus etwa 10 Billionen (10^{13}) Zellen, wie übrigens auch eine stattliche Eiche. Der Hauptvorteil der Vielzeller liegt jedoch nicht in erster Linie in ihrer Größe, sondern in der Möglichkeit zur Arbeitsteilung innerhalb der Zellen und damit letztendlich in der besseren Anpassung des Organismus an seine Umwelt.

Klein zu sein muss dabei nicht von Nachteil sein. Bakterienzellen können sich wegen ihres besonders günstigen Oberflächen-Volumen-Verhältnisses die raschesten Stoffwechselprozesse leisten. Dagegen vermögen sie nur wenig Biomasse und Energie zu speichern. Ihre Überlebensstrategie setzt auf hohe Vermehrungsraten. So kann sich das Bakterium *E. coli* alle 20 Minuten teilen. Der Mensch beherbergt 100 Billionen (10^{14}) Bakterien in seinem Darm – das Zehnfache seiner eigenen Zellzahl! Bakterien und viele andere Einzeller zeigen sich als Reproduktionsstrategen. Sie erreichen in nur kurzer Zeit hohe Individuenzahlen. Allerdings sind Bakterienpopulationen eher instabil. Gehen die Ressourcen zu Ende, bricht die lokale

Population schnell zusammen. Andererseits sind sie auch in der Lage, bei günstigen Bedingungen zügig neue Lebensräume zu besiedeln.

Die genannten Größenangaben sind kein Ausdruck bloßer Zahlenspielerei. Sie sollen vielmehr auf eine weitere Besonderheit der Biologie hinweisen: Ihre Objekte, die Lebewesen, sind in einem Skalenbereich angesiedelt, der mehr als acht Größenordnungen umspannt: Das reicht von Größen um 1 Mikrometer bei den Bakterien bis zu 100 Metern bei den höchsten Bäumen.

STOFFWECHSEL

Lebende Organismen geben sich durch ihren Stoffwechsel zu erkennen. Sie müssen Substanzen aus ihrer Umgebung aufnehmen. Zum Teil werden diese zur Energiegewinnung abgebaut, zum Teil in andere, körpereigene Substanzen umgewandelt. Die nicht mehr verwertbaren Reste werden ausgeschieden. Der Stoffwechsel gleicht einem komplizierten Wegenetz aus Tausenden von Reaktionen, die von Enzymen gesteuert werden.

Einige Organismen sind in der Lage, Energie direkt aus der Atmosphäre zu tanken und diese in chemische Energie umzuwandeln. Hierzu zählen die grünen Pflanzen. Neidvoll können wir angesichts einer bevorstehenden Energieknappheit die Leistung der Pflanzen bewundern, Lichtenergie mit hohem Wirkungsgrad in chemische Energie umzusetzen. Man bezeichnet diesen Vorgang als Photosynthese. Nur photoautotrophe Organismen sind dazu in der Lage. Pflanzen nutzen die Lichtenergie, um aus den einfachen anorganischen Rohstoffen Wasser und Kohlendioxid Kohlenhydrate herzustellen. Bei der Photosynthese wird gleichzeitig Sauerstoff frei. Wir und fast alle übrigen Organismen einschließlich der Pflanzen benötigen ihn für die Atmung! Die energiereichen Kohlenhydrate nutzen die Pflanzen gleichzeitig als Energiespeicher und als Baustoffe. Von hier aus führt der Stoffwechsel zu weiteren Makromolekülen, darunter Proteine und Nukleinsäuren. Hierzu müssen die Pflanzen noch Ammonium oder Nitrat sowie Phosphat aus ihrer Umgebung aufnehmen. Sie sind also nicht auf die Aufnahme organischer Verbindungen angewiesen.

Im Gegensatz zu den photoautotrophen Organismen verschaffen sich die heterotrophen Organismen ihre organischen Verbindungen über ihre

Nahrung. Das heißt, sie müssen organische Verbindungen, die andere Lebewesen erzeugt haben, aufnehmen und verstoffwechseln. Am Anfang der Nahrungskette stehen somit die Pflanzen. Zu den Heterotrophen zählen der Mensch und alle Tiere, die Pilze sowie die meisten Bakterien.

Verweilen wir kurz bei den Abbauwegen. Die meiste Energie lässt sich den Nahrungsmolekülen entziehen, wenn der Abbau in Gegenwart von Sauerstoff erfolgt. Man spricht von Zellatmung. Dieser Prozess lässt sich mit einer brennenden Wachskerze vergleichen. Wachs wird dabei unter Sauerstoffverbrauch zu Kohlendioxid (CO_2) verbrannt. Ähnlich werden im Stoffwechsel Verbindungen wie Kohlenhydrate und Fette verbrannt – allerdings mit dem Unterschied, dass beim Stoffwechsel ein Großteil der (freigesetzten) Energie nicht in Wärme überführt, sondern in vielen kleinen Schritten freigesetzt und von Energie-Zwischenträgern aufgefangen wird.

Der wichtigste Energie-Zwischenträger im Stoffwechsel ist das ATP (Adenosintriphosphat): Diese Verbindung kann man als Energiewährung der Zelle bezeichnen. Ähnlich wie durch Arbeit Geld verdient und dieses zum Bezahlen der Einkäufe wieder ausgegeben wird, wird die im Stoffwechsel freigesetzte Energie zur ATP-Synthese genutzt. Die Zelle »bezahlt« für ihre Energie verbrauchenden Prozesse mit ATP. Obwohl die Zellkonzentrationen niedrig liegen, sind die Tagesumsätze enorm. Ein Mensch setzt pro Tag sein eigenes Körpergewicht an ATP um. In Ruhe sind dies etwa 70 Kilogramm, bei Hochleistungssport kurzfristig bis zu 200 Kilogramm!

Es gäbe noch viel über die besonderen Merkmale der Lebewesen zu berichten. Vor allem bei der Fortpflanzung, dem Bewegungsvermögen und der Reizbarkeit stößt man auf die erstaunlichsten Dinge. Aber irgendwann stellt sich die Frage, ob es nicht noch allgemeinere, umfassendere Eigenschaften gibt, die lebendige Systeme auszeichnen. Dies gilt vor allem vor dem Hintergrund unserer Ausgangsfrage, woran man extraterrestrisches Leben erkennen könnte. Baut es auf derselben Biochemie auf wie die Lebewesen auf der Erde? Ist ein Stoffwechsel, der vornehmlich auf Kohlenstoffverbindungen basiert, zwingend? Diese Einschränkung ist eigentlich ein entschiedener Kohlenstoff-Chauvinismus. Wäre theoretisch Leben nicht auch auf Silicium-Basis vorstellbar? Und wie steht es mit dem Wasser? Wäre es nicht denkbar, dass sich Lebensprozesse in anderen Lösungsmitteln als Wasser abspielen? Diese könnten auf anderen Planeten und unter ganz anderen Temperaturbedingungen an die Stelle des Wassers treten, zum Beispiel Ammoniak, das zwischen -78 °C und -33 °C flüssig ist?

Zugegeben, solche Überlegungen sind äußerst spekulativ. Aber das sollte uns nicht davon abhalten, darüber nachzudenken, welche Merkmale und Eigenschaften solche Erscheinungsformen mitbringen müssten, um sich als Lebewesen zu qualifizieren.

GEMEINSAMKEITEN ALLER LEBENDIGEN SYSTEME

Woran lassen sich lebendige Systeme – unabhängig von ihrer Herkunft – erkennen? Es sind vor allem drei Merkmale, die sie mit den uns bekannten Lebewesen teilen:

1. Sie müssten über genetische Information verfügen, die gespeichert und weitergegeben wird.
2. Sie müssten sich als offene, selbsterhaltende Systeme ausweisen.
3. Sie müssten zur Evolution fähig sein.

Keine Frage, diese Merkmale sind eine große Herausforderung für unser Abstraktionsvermögen. Aber es sind zugleich diejenigen, welche die besten Anregungen für Nutzanwendungen beispielsweise in der Bionik und in der Biotechnik abgeben.

Speicherung und Weitergabe
genetischer Information

DIE DNA ALS MOLEKULARE SCHRIFT

Zu den bedeutendsten Merkmalen sämtlicher Lebewesen zählt die Tatsache, dass ihnen ein Bauplan zugrunde liegt. Dieser wird von Generation zu Generation weitergereicht. Er sorgt dafür, dass die Nachkommen den Vorfahren gleichen. Dieser Bauplan ist in einer molekularen Schrift niedergelegt, die eine genetische Information enthält. Sie ist in einem Makromolekül verschlüsselt, der *Desoxyribonukleinsäure*, kurz DNA genannt. Diese ist der Stoff, aus dem die Gene gemacht sind. Die Gene (Erbanlagen) enthalten die Bau- und Betriebsanleitungen der Organismen. Die Entdeckung und Entschlüsselung dieser Schrift zählen zu den Meilensteinen der Naturwissenschaften.

Die DNA besteht aus zwei sehr langen, in Form einer Spirale umeinander gewundenen Strängen. Sie verhalten sich zueinander wie Bild und Spiegelbild und enthalten damit die gleiche Information. Diese Doppelhelix-Struktur ist Voraussetzung für die Herstellung von Kopien, die vor der Zellteilung angefertigt und von den Eltern an ihre Kinder weitergegeben werden.

Wie aber kann die Zelle eine molekulare Schrift lesen und die dort niedergelegten Anleitungen ausführen? Um dies zu verstehen, bietet sich ein Vergleich der molekularen Schrift mit unserer Schrift an. Diese besteht aus Buchstaben, die sich zu Worten und Sätzen und außerdem noch aus Satzzeichen zusammenfügen. Die molekulare Schrift besteht ebenso aus Buchstaben, die wiederum Worte und Sätze bilden. Und sie enthält Interpunktionszeichen. Anders als bei unserem Alphabet, das aus 26 Buchstaben besteht, kennt die molekulare Schrift nur vier Buchstaben: Abgekürzt heißen sie A, T, G und C. Sie sind die Bausteine der Gene. Die chemische Bezeichnung lautet *Desoxyribonukleotide*. Sie unterscheiden sich nur in ihrem Basenanteil und werden daher auch kurz als *Basen* bezeichnet.

Jeweils drei aufeinanderfolgende Buchstaben bilden ein Wort; daher spricht man vom *Basen-Triplett*. Jedes Triplett enthält die Anweisung für eine Aminosäure, also einen Proteinbaustein. Durch die Aufeinanderfolge von Tripletts wird die Reihenfolge der Aminosäuren festgelegt, die mithilfe einer komplizierten Maschinerie zum Protein verknüpft werden. Mit anderen Worten: Die genetische Anweisung für die Synthese eines Proteins ist durch eine Serie von Drei-Buchstaben-Wörtern, den Tripletts, in der DNA niedergeschrieben.

Der Triplett-Code ist universell, also für alle Lebewesen gültig, angefangen von den einfachsten Bakterien bis hin zu den hoch organisierten Pflanzen und Tieren. Es gibt nur marginale Abweichungen. Diese gemeinsame Sprache, die von allen lebenden Organismen benutzt wird, belegt die Verwandtschaft aller Lebewesen auf der Erde!

Proteine sind die wichtigsten Genprodukte, darunter die Enzyme, welche die chemischen Umsetzungen im Stoffwechsel steuern. Weiß man, wann an welchem Ort welche Proteine gebildet werden, dann weiß man im Prinzip über alles Weitere Bescheid. Die Gesamtheit aller Proteine, die zu einem definierten Zeitpunkt in einer Zelle oder im ganzen Organismus vorliegen, bezeichnet man als *Proteom*, mit deren Erforschung sich die *Proteomik* befasst. Auf dieser Basis lassen sich zum Beispiel Fehlregulierungen bei Krebserkrankungen feststellen und damit neue Ansatzpunkte für Medikamente identifizieren.

DAS GENOM

Unter dem Genom oder Erbgut versteht man die Gesamtheit der Gene, den Trägern der Erbinformation eines Lebewesens. Um das komplette Genom des Darmbakteriums *E. coli* niederzuschreiben, muss man 4,7 Millionen Buchstaben, genauer gesagt Basenpaare, auflisten. Hierfür müsste man ein 1000 Seiten starkes Buch bedrucken. Beim Menschen mit 3 Milliarden Buchstaben bräuchte man fast 700 Bücher desselben Umfangs. Die Gesamtlänge des DNA-Moleküls in einer einzelnen menschlichen Zelle beträgt circa 1,8 Meter. Bei den Eukaryoten ist der Hauptanteil der DNA im Zellkern untergebracht.

Aus dem Vergleich der vielen inzwischen sequenzierten Genome der verschiedensten Arten lassen sich wertvolle Hinweise zur Verwandtschaft gewinnen. Dabei stößt man auf völlig unerwartete Ergebnisse. So hat sich gezeigt, dass das Human- und Schimpansengenom zu 98,7 % identisch sind. Sie unterscheiden sich nur in 1,3 % ihrer Basenpaare, was aber immer noch 40 Millionen Basenpaaren entspricht. Den jüngsten Erkenntnissen nach fehlen dem Schimpansen nur 50 Gene, über die jedoch der Mensch verfügt. Die gravierendsten Unterschiede liegen aber anscheinend in den unterschiedlichen Aktivitäten der übrigen Gene. In diesem Zusammenhang gewinnen gerade die regulatorischen RNAs (Ribonukleinsäuren) größtes Interesse. Ihnen kommt auch im Zusammenhang mit Fragen der Makroevolution größte Bedeutung zu.

Bedingt durch ihre Genomgrößen verteilt sich bei allen Eukaryoten die DNA des Zellkerns auf mehreren Chromosomen. Beim Menschen sind es 46. Die eine Hälfte stammt vom Vater, die andere von der Mutter. Ein einzelnes Chromosom enthält jeweils einen DNA-Doppelstrang. Da ein solcher DNA-Strang mehrere Zentimeter lang sein kann, ein Zellkern aber nur wenige Mikrometer Durchmesser hat, ist eine zusätzliche Verpackung erforderlich. Die DNA ist mit mehreren Proteinen zu einer dünnen Faser verbunden, die im Chromosom eng gefaltet und aufgewickelt ist.

Im Gegensatz dazu besteht das Genom der Bakterien meist aus einem einzigen, ringförmig geschlossenen DNA-Doppelstrang von 1 bis 2 Millimetern Konturlänge, dem Bakterien-Chromosom. Nicht zufällig verfügen einige Zellorganellen der Eukaryoten, die *Mitochondrien* und bei den Pflanzen außerdem noch die *Plastiden,* über bakterienähnliche Ringchromosomen. Diese Besonderheit wird durch die *Endosymbiontentheorie* erklärt.

Noch ein Wort zu den Genen, den auf der DNA gelegenen Einheiten der Erbinformationen. Sie bilden die Sätze der molekularen Schrift. So, wie der Text eines Buchs aus vielen Sätzen besteht, setzt sich das Genom eines Organismus aus vielen Genen zusammen. Wie wir bereits wissen, unterscheidet sich die Größe des Genoms bei den verschiedenen Lebewesen erheblich. Die Anzahl der Gene, die in Proteine übersetzt werden, ist bei Eukaryoten wegen ihres komplexeren Baus gegenüber Prokaryoten deutlich höher. Bei der Taufliege *Drosophila* sind es 13.500 und beim Mensch weniger als 30.000 Gene. Bei den Bakterien liegt die Genomgröße meist in der Größenordnung von wenigen 1000 Genen. Beim Darmbakterium *E. coli* sind es 4500 Gene. *Mycoplasma genitalium* mit nur 475 Genen und 580.000 Basenpaaren ist ein Extremfall, der sich aus der parasitischen Lebensweise dieses *Pathogens* erklärt.

Besonders dieser Organismus ist heute von großem Interesse bei dem Vorhaben, einen Minimalorganismus mit einem Minimalgenom zu konstruieren. Dieser müsste gerade so viele Gene besitzen wie für Stoffwechsel, Wachstum und Fortpflanzung unabdingbar. Ein solches genetisch minimiertes Bakterium ließe sich als Minifabrik zum Beispiel für die Herstellung von Ethanol, Wasserstoff, Medikamenten oder Kunststoffen verwenden. Es erfordert nur den zusätzlichen Einbau weniger Designer-Gene, ohne jedes Mal die Grundausstattung ändern zu müssen. Dabei ist die synthetische Biologie aktiv. In diesem Bereich arbeiten Molekularbiologen, Chemiker, Informatiker und Ingenieure zusammen.

Der synthetischen Biologie kommt ein enormes Marktpotenzial zu! Den Anfang machte im Jahr 2010 die Gruppe um Greg Venter mit der Konstruktion des synthetischen Bakteriums *Mycoplasma laboratorium*, dessen Genom auf der Basis von Computerdaten aus *Mycoplasma genitalium* synthetisiert wurde.

TRANSKRIPTION UND TRANSLATION

Wir haben gesehen, dass Gene die Anweisungen für die Herstellung der verschiedenen Proteine enthalten. Sie können aber nicht selbst Proteine herstellen. Hierzu ist eine Brücke zwischen genetischer Information und Proteinsynthese erforderlich. Dies lässt sich durch einen Vergleich mit der Übersetzung von Sprachen verständlich machen. Für die Übersetzung eines Textes, der in der afrikanischen Sprache Suaheli geschrieben ist, ins Tscherkessische, einer kaukasischen Sprache, würde man nur schwer einen Dolmetscher finden, mit Sicherheit jedoch einen Dolmetscher, der Suaheli ins Englische übersetzt, und einen zweiten Dolmetscher, der den englischen Text ins Tscherkessische überträgt.

Ähnlich verhält es sich auch mit der Übersetzung der genetischen Information in Proteine. Die Brücke bildet die RNA in Form der Boten-RNA (mRNA). Im ersten Schritt, der Transkription, findet eine DNA-gesteuerte Synthese von mRNA statt. Beide Nukleinsäuren benutzen eine ähnliche Sprache. Die Information wird direkt von der DNA-Sprache in die RNA-Sprache übersetzt. Die DNA dient als Vorlage (Matrize) für die mRNA-Synthese. Im zweiten Schritt, der Translation, erfolgt die Proteinsynthese. Sie wird von der mRNA gesteuert, woran die Ribosomen, die als Übersetzungsmaschinen mit großer Geschwindigkeit die verschiedenen Proteine herstellen, beteiligt sind. In einer einzigen, rasch wachsenden Bakterienzelle findet man über 50.000 Ribosomen und mehr. Wenn Gene die Software der Zelle repräsentieren, dann entsprechen die Ribosomen der Hardware.

Damit soll in Umrissen erkennbar sein, wie die genetische Information in Proteine übersetzt wird. Diese sind letztlich für Bau und Funktion eines Organismus verantwortlich. Zusammenfassend lässt sich feststellen, dass der Informationsfluss von der DNA über die RNA zum Protein führt. Man hat diese Aussage auch schon als molekulares Dogma bezeichnet.

DNA-REPLIKATION

Wenn die genetische Information von Generation zu Generation weitergegeben wird, muss es einen Mechanismus zum Kopieren der DNA geben. Watson und Crick stießen 1953 auf die überraschende Lösung, dass die DNA insgesamt aus zwei gegenläufigen DNA-Einzelsträngen aufgebaut ist, die umeinander gewunden sind. Ihr Modell der *Doppelhelix* zeigt weiterhin, dass die beiden Stränge komplementär zueinander sind; sie verhalten sich zueinander wie Bild und Spiegelbild. Kennt man also die Basensequenz des einen Strangs, kennt man zugleich auch die Basensequenz des anderen Strangs.

Bei der Doppelhelix zeigen die Basen nach innen. Ein A ist immer mit einem T und ein G immer mit einem C gepaart. Das heißt, immer, wo bei einem Strang der DNA ein A steht, enthält der Gegenstrang ein T, und wo bei einem Strang der DNA ein G steht, enthält der Gegenstrang ein C. Die beiden Stränge werden durch Wasserstoffbrücken-Bindungen zusammengehalten.

Die Doppelhelix ist zum Symbol der Molekularbiologie geworden. Ihre Ästhetik ist unverkennbar und mit der Funktionalität der Molekülstruktur verknüpft. Aus ihr ließen sich zwanglos die Grundmechanismen der DNA-Replikation ableiten. Da die beiden Stränge komplementär zueinander sind, enthält jeder Strang die Information zur Synthese des anderen. Wenn eine Zelle Kopien ihrer DNA-Moleküle anfertigt, dann trennen sich die beiden Stränge, und jeder Einzelstrang dient als Vorlage für die Anordnung der Basen auf dem komplementären Folgestrang. Entsprechend den Regeln der Basenpaarung werden nun beide Stränge gleichzeitig kopiert. Dabei knüpfen Enzyme einen Baustein an den anderen, sodass auf diese Weise jeder bisherige DNA-Strang einen neuen Partner-Strang erhält. Wo vor dem Kopiervorgang ein DNA-Doppelstrang war, sind jetzt zwei identische Doppelstränge entstanden.

CODIERENDE UND NICHTCODIERENDE BEREICHE DER DNA

Struktur und Funktion der DNA sind seit den frühen 50er-Jahren des vergangenen Jahrhunderts Gegenstand intensivster Forschungen; dies ist die Domäne der Molekularbiologie. Dennoch stößt man immer wieder auf Überraschungen. So weiß man heute, dass bei den Eukaryoten die DNA-Abschnitte, die für die Aminosäuresequenzen von Proteinen codieren, also die Gene im klassischen Sinn, nur einen geringen Teil der DNA ausmachen. Beim Mensch sind es maximal 5 %! Dies entspricht weniger als 30.000 Genen, die allerdings für ungefähr 500.000 Proteine codieren. Der Grund hierfür ist eine starke *Datenkompression*. Damit kann die Genomgröße kleiner gehalten werden, als es der Anzahl der Genom-codierten Merkmale entspricht.

Wie ist dies möglich? Man weiß heute, dass die Gene nicht wie die Perlen einer Perlenkette dicht hintereinander auf der DNA aufgereiht sind, sondern sich in weiten Bereichen überlappen. Beim sogenannten *alternativen Spleißen*[1] eines Transkripts entstehen unterschiedliche mRNA-Moleküle und in der Folge dann auch unterschiedlich zusammengesetzte Proteine mit verschiedener Funktion. Man kann sich den Vorgang an einem Wort aus unserer Sprache klarmachen, aus dem man mehrere Teile herausschneiden kann. So kann man das Wort »Landwirtschaft« in mehrere Teile zerlegen, nicht nur in die offenkundigen Teile Land, Wirt und Schaft, sondern auch in wir, Schaf und Haft – Worte, die völlig unterschiedliche Bedeutungen haben.

Ein weiterer Anteil der DNA codiert für RNA-Sorten, die sich von der mRNA unterscheiden und nicht in Proteine übersetzt werden. Hierzu zählen einmal RNA-Sorten, die an der Translation beteiligt sind (tRNA und rRNA). Weitere sind vor noch

---

[1] Nicht zu verwechseln mit dem Spleißen, bei dem aus dem Vorläufermolekül der mRNA gezielt Abschnitte, die Introns, entfernt werden. Die restlichen Abschnitte, als Exons bezeichnet, werden miteinander verbunden. Sie dienen als Vorlage für die Synthese eines Proteins außerhalb des Zellkerns.

nicht langer Zeit bekannt geworden und werden intensiv erforscht. Sie stammen von solchen DNA-Sequenzen, die man früher als bedeutungslos eingestuft und als Müll (man spricht von Junk-DNA) betrachtet hatte. Sie wurden inzwischen als regulatorische DNA erkannt. Sie codieren für kleine RNA-Schnipsel (Mikro-RNA), die bis zu ein Drittel aller menschlichen Gene kontrollieren. Mit Sicherheit sind aber auch Überbleibsel aus der Evolution mit dabei.

Den codierenden Abschnitten der DNA stehen nichtcodierende Abschnitte gegenüber, die somit keine Erbinformation enthalten. Diese machen 95 % des Genoms aus. Möglicherweise spielen sie jedoch eine Rolle bei der Erhaltung der Chromosomenstruktur. In der Forensik werden nichtcodierende Abschnitte routinemäßig zur DNA-Analyse bei Kriminalfällen genutzt, da diese Sequenzen bei jedem Menschen verschieden sind. DNA-Spuren vom Tatort werden genutzt, um DNA-Sequenzen aus nichtcodierenden Abschnitten mit Proben verdächtiger Personen oder mit gespeicherten Mustern in einer Datenbank abzugleichen. Auf diese Weise konnten bereits jahrzehntealte ungelöste Mordfälle aufgeklärt werden.

Lebewesen als offene, selbsterhaltende Systeme

Der theoretischen Biologie ist die Entdeckung weiterer grundlegender Eigenschaften der Lebewesen zu verdanken. Sie lassen sich mit dem Begriff *Systemeigenschaften* umschreiben. Am Anfang stehen die Untersuchungen von Ludwig von Bertalanffy (1901–1972), einem der bedeutendsten Biologen und Systemtheoretiker. Von ihm stammt der Begriff *Fließgleichgewicht*. Jeder lebende Organismus befindet sich in einem Fließgleichgewicht. Darunter versteht man einen Zustand, bei dem ein ständiger Austausch von Materie, Energie und Information mit der Umwelt stattfindet. Hierzu sind nur offene Systeme in der Lage, allen voran lebendige Systeme.

Ihr Verhalten wird somit wesentlich von der Umwelt beeinflusst. Sie entziehen ihrer Umgebung Energie und geben Energie in entwerteter Form wieder an die Umgebung ab. Mit diesem kontinuierlichen Energiestrom erhalten lebende Organismen ihren Ordnungszustand aufrecht, und zwar unter stetem Wechsel ihrer Bestandteile. Es ist eben nicht so wie bei einigen Menschen, die dem täglichen Kampf gegen die Unordnung erliegen und schließlich zum Messie werden.

Bereits Bertalanffy hat darauf hingewiesen, dass der Strom von Materie, der dabei den Organismus durchläuft und ihn aufbaut, mit einer kaum erwarteten Geschwindigkeit erfolgt. Die zuvor genannten Zahlen zum ATP-Umsatz (beim Menschen 70 Kilogramm pro Tag) sind ein Beleg dafür. Der Stoffwechsel ermöglicht den Lebewesen, sich selbst zu erhalten, wobei ein ständiger Austausch seiner molekularen Komponenten stattfindet.

KOMPLEXITÄT

Wesentlich für das Verständnis der lebendigen Systeme ist auch ihre unglaubliche Komplexität. Diese spiegelt sich bereits auf Zellebene wider. Zellen sind wiederum aus kleineren und doch komplexen mikroskopischen Bausteinen zusammengesetzt. Und dieses Spiel setzt sich fort – bis hinein in den atomaren Bereich! Damit stoßen wir auf eine weitere Tatsache: Allen Lebewesen ist eine ganze Hierarchie von Strukturebenen zu eigen, die den hohen Ordnungsgrad der Lebewesen bedingt. Die oberste Ebene ist – wenn vorerst die

Ökologie unberücksichtigt bleibt – die Ebene des Organismus, darunter die Ebene der Zellen und ihrer Bestandteile, darunter die Ebene des Stoffwechsels, darunter die Ebene der biologischen Information usw. Jede Ebene baut auf der darunterliegenden auf. Auf jeder Stufe in der Hierarchie der biologischen Strukturebenen treten neue Eigenschaften auf, sogenannte *emergente Eigenschaften*, die auf den einfacheren, darunterliegenden Organisationsebenen noch nicht vorhanden waren. Dies hat nichts mit Vitalismus zu tun, sondern erklärt sich aus der Tatsache, dass wichtige Eigenschaften des Lebens aus seiner strukturellen Ordnung hervorgehen. Belebte und unbelebte Materie können nicht als grundsätzlich verschieden betrachtet werden, sondern sind verschiedene Ordnungsstrukturen derselben Grundeinheit.

NETZWERKE

Bei den Stoffwechselwegen handelt es sich um aufeinanderfolgende biochemische Umsetzungen, die von Enzymen gesteuert werden. Man unterscheidet Aufbau-, Abbau- und Umbauwege. Hierbei dient das Produkt einer Enzymreaktion als Substrat für die nächste. Auf diese Weise kommen ganze Enzymkaskaden zustande. In der Regel liefern Abbauprozesse die Energie für Aufbauprozesse. Stoffwechselwege ermöglichen die Aufrechterhaltung des Gleichgewichtszustands innerhalb eines Organismus. Der Zellstoffwechsel wird durch ein raffiniertes Netzwerk miteinander verflochtener Stoffwechselwege ermöglicht. Der Stofffluss durch einen Stoffwechselweg wird reguliert durch den Bedarf der Zelle und durch die Verfügbarkeit von Substrat.

Mithilfe der DNA-Sequenzierung und Methoden der Bioinformatik ist es heute möglich, Stoffwechselnetzwerke der verschiedensten Organismen zu rekonstruieren. Anwendungen finden sich unter anderem in der Biotechnologie und in der Medizin. Ein viel zitiertes Beispiel ist der Angriff eines Parasiten auf das Immunsystem über die Zerstörung von Makrophagen. Mithilfe der Stoffwechselnetzwerk-Modellierung lassen sich diejenigen Substrate ermitteln, die für die Vermehrung des Parasiten innerhalb der Makrophagen erforderlich sind, und sie lassen sich im nächsten Schritt ausschalten.

Komplexe Netzwerke finden sich neben der Biologie, Mathematik, Physik und Informatik noch in vielen anderen Bereichen, zum Beispiel in der Soziologie, Klimaforschung und der Epidemiologie. Hierbei zeigen sich viele Gemeinsamkeiten. Durch die Erforschung lassen sich wichtige Aussagen über das kritische Verhalten und die Stabilität des Gesamtsystems gewinnen.

Eine entscheidende Rolle bei Netzwerken spielen die Wechselwirkungen zwischen den Teilkomponenten, aus denen neue Eigenschaften, neue Qualitäten resultieren, die auf der Stufe der Einzelkomponente nicht zu beobachten sind. Zu diesen emergenten Eigenschaften zählt die Fähigkeit zu Regulationen, zum Lernen und zur Selbstorganisation, darunter die Musterbildung. Auch die Phänomene Entwicklung und Evolution sind solche emergenten Eigenschaften.

Aristoteles (384–322 v. Chr.), ein Universalwissenschaftler des Altertums und zugleich einer der bedeutendsten antiken Philosophen, betonte, dass das Ganze mehr als die Summe seiner Teile ist. Dieser Satz enthält im Kern bereits die wichtigste Systemaussage.

Tatsächlich kommt es ganz wesentlich auch auf die Wechselbeziehungen zwischen den Teilkomponenten und ihrer Umgebung an! Eine bezie-

hungslose Auflistung aller Komponenten ist nicht
mehr als ein Aggregat.

Evolution

Die Fähigkeit zur Evolution ist eines der wesentlichen Kriterien, in denen sich die belebte von
der unbelebten Natur unterscheidet. Die wichtigste Quelle der Evolutionsforschung ist – und dies
mag überraschen – der Vergleich von Merkmalen
lebender Organismen, das heißt der Vergleich von
Ähnlichkeiten und Unähnlichkeiten. Dieser Ansatz
liefert ein Modell in Form eines Baumes, der im
Lauf der Zeit gewachsen ist.

VON DER ÄHNLICHKEITSANALYSE
ZUM PHYLOGENETISCHEN BAUM

Konrad Lorenz (1903–1989) hat 1965 in seinem
Beitrag »Darwin hat recht gesehen« das Vorgehen
am Beispiel der Wirbeltiere erläutert. Im Folgenden sollen in stark vereinfachter Form die Höheren
Pflanzen herangezogen werden. Wir suchen zuerst
nach den allgemeinsten Merkmalen, die auf diese

Gruppe zutreffen. Hierzu zählt vor allem die Gliederung in Spross und Wurzeln. Mit diesem Merkmal bündeln wir alle Höheren Pflanzen (Abb. 1).

Anschließend kommen wir zu weiteren sehr allgemeinen Merkmalen, die zwar häufig vorkommen, jedoch nicht auf *alle* Höheren Pflanzen zutreffen. Dies gilt für die Produktion von Samen. Denn es gibt auch Pflanzengruppen wie die Farne, Bärlappe und Schachtelhalme, die ihre Verbreitung nicht mit Samen, sondern mit Sporen bewerkstelligen. Damit teilt sich das Bündel »Höhere Pflanzen« in zwei Teilbündel: die Sporenpflanzen und die Samenpflanzen.

Bei den Samenpflanzen richtet sich das nächste allgemeine Einteilungskriterium danach, wie die Samenanlagen in der Blüte angeordnet sind; aus diesen entstehen später die Samen. Sind die Samenanlagen in einen Fruchtknoten eingeschlossen, handelt es sich um Bedecktsamer, wenn nicht, haben wir es mit Nacktsamern zu tun. Unter letzteren finden wir die Koniferen, die Palmfarne und die Ginkgogewächse. Unterteilen wir schließlich die Bedecktsamer, so können wir als wichtigstes Kriterium die Zahl der Keimblätter nutzen. Keimen die Pflanzen mit einem Keimblatt, so handelt es sich um Einkeimblättler, im Fall von zwei Keimblättern um Zweikeimblättler. Damit wurden die Bedecktsamer in zwei weitere Teilbündel aufgespaltet. In entsprechender Weise ließen sich die Sporenpflanzen bündeln.

Zugegeben, es wurde hier eine sehr grobe Einteilung angewandt und auch gar nicht auf Vollständigkeit geachtet. Neuere Erkenntnisse der Systematik, die insbesondere die Samenpflanzen betreffen und noch weitere Merkmale einbeziehen, blieben zudem unberücksichtigt. Es geht hier darum, das Prinzip der Klassifizierung mithilfe bekannter Merkmale zu demonstrieren.

Dieses Modell, das wir so ohne irgendwelche Zusatzhypothesen erhalten haben, vermittelt selbst in dieser einfachen Form den Eindruck eines Baumes. Dieser Eindruck würde sich noch verstärken, wenn wir weitere Merkmale berücksichtigt hätten. Wo jedoch in der belebten Natur ein baumähnliches Gebilde auftritt, ist der Schluss berechtigt, dass dieses durch Wachstum entstanden ist. Die ältesten Teile liegen immer dort, von wo die Zweige ausstrahlen, also an der dicksten Stelle. Beispiele finden wir bei den Korallen, beim Hirschgeweih oder bei den Blutgefäßen.

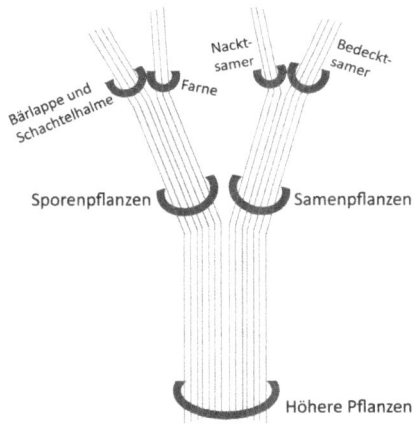

Abb. 1: Gruppierung der Höheren Pflanzen

Diese weit verbreitete Gesetzmäßigkeit lässt sich verallgemeinern, indem wir die Hypothese aufstellen, dass sie auch für den Baum der Lebewesen gilt. Sie besagt, dass wir die ältesten Stellen in den Bereichen finden, in denen wir auf die meisten gemeinsamen Merkmale stoßen. Oder mit anderen Worten: Ein Merkmal muss umso älter sein, je größer die Zahl der Formen ist, auf die dieses Merkmal zutrifft. Auf diese Weise erhalten wir einen Stammbaum, der die vermuteten evolutionären Beziehungen der Organismengruppen wiedergibt: einen phylogenetischen Stammbaum. Die *Phylogenese* ist die Evolutionsgeschichte der Arten.

Heute gibt es sehr viel effizientere Möglichkeiten, Stammbäume aufzustellen. Es werden vor allem molekularbiologische Daten genutzt. Der Vergleich von Proteinen oder DNA – seien es ganze Genome oder Fragmente, zum Beispiel aus Fossilien – liefert ungleich genauere molekulare Stammbäume, die auch sehr gut zu fossilen Funden passen. Insbesondere DNA-Vergleiche eignen sich als molekulare Uhren zum zeitlichen Datieren von Verzweigungspunkten in Stammbäumen.

Am Rande sei vermerkt, dass die Konstruktion von Stammbäumen auch außerhalb der Biologie mit Erfolg genutzt wird, beispielsweise in den Sprachwissenschaften, wo die Verwandtschaft und die Herkunft von Sprachen untersucht wird. Selbst Besonderheiten, wo es im Gegensatz zur Abtrennung von Sprachen zu Sprachkontakten oder sogar zu Sprachverschmelzungen kam, sind der Biologie nicht fremd. Gerade bei symbiotischen Interaktionen weiß man, dass es im Lauf der Zeit zur Übernahme ganzer Genbereiche durch den Wirtsorganismus kam.

FOSSILE BELEGE FÜR DIE EVOLUTION

Dass das Leben seit seinen Anfängen bis zu seiner heutigen Vielfalt Änderungen durchgemacht hat, bezeichnet man allgemein als Evolution, was die zahlreichen Fossilien auch dokumentieren. Fossilien sind Überreste von Lebewesen aus der Vergangenheit oder Spuren von diesen Lebewesen. Wurden diese im Schlamm am Grund eines vorzeitlichen Meeres, Sees oder Flusses abgelagert, von Sediment bedeckt und unter dem steigenden Druck verfestigt, kam es zur Versteinerung. Ihre zeitliche Aufeinanderfolge ergibt sich aus der Tatsache, dass die tiefer liegenden Ablagerungen auf unserer Erde vor den darübergeschichteten entstanden sind, sofern keine späteren Umfaltungen auftraten, die sich jedoch nachweisen lassen.

Die Erforschung der Fossilien, eine Domäne der Paläontologie, konnte besondere Fortschritte auf dem Gebiet der Altersbestimmung erzielen. So ließ sich nachweisen, dass die ältesten bisher bekannten Fossilien aus einer Zeit vor fast dreieinhalb Milliarden Jahren stammen. Man hat weiterhin festgestellt, dass der Weg von den altertümlichen zu den modernen Lebensformen nicht glatt verlief. Vielmehr wurden durchaus ruhige Perioden immer wieder von Katastrophen unterbrochen, die zu Massenaussterben führten. Ein gigantisches Massenaussterben fand im Erdzeitalter Perm vor 250 Millionen Jahren statt. Es wurde vermutlich durch Vulkanausbrüche verursacht, und infolge der Zerstörung ihres Lebensraums starben über 90 % der marinen Tierarten aus. Bekannter vielleicht ist das Massenaussterben in der Kreidezeit vor etwa 65 Millionen Jahren, von dem mehr als die Hälfte aller marinen Arten und viele Landorganismen, darunter die Saurier, betroffen waren. Ursache hierfür war vermutlich der Aufprall eines Asteroiden oder Kometen auf die Erde.

DIE EVOLUTIONSTHEORIE VON DARWIN

Welches sind aber nun die Ursachen und die treibenden Kräfte der Evolution? Hier muss auf Charles Darwin (1809–1882) verwiesen werden, jenem britischen Naturforscher, der während seiner umfangreichen Weltreisen und durch seine ausgedehnten Feldforschungen zu der Erkenntnis kam, dass die biologische Vielfalt auf der Erde das Produkt der Evolution ist. Eine der genialsten Leistungen von Darwin war, dass er aufgrund seiner Untersuchungen das Auftreten von spontanen, ungerichteten und zufälligen Veränderungen des Erbgutes postulierte, und dies zu einer Zeit, als man von DNA, Mutation und Rekombination noch nichts wusste. Die Konsequenz dieser Erbgutveränderungen ist, dass die Individuen einer Population in ihren Merkmalen variieren. Die am besten an die Umwelt angepassten Individuen hinterlassen mehr Nachkommen als die weniger gut angepassten. Auf diese Weise findet eine natürliche Auslese statt, die zu einem allmählichen Wandel der Populationen führen muss. Dabei häufen sich vorteilhafte Merkmale im Lauf der Generationen an, und es kommt zu einer allmählichen Zunahme der Komplexität.

Die Evolutionslehre wurde vielfach missverstanden und zum Teil sogar bewusst verfälscht. Letzteres trifft insbesondere auf den Sozial-Darwinismus zu, der den Menschen weismachen wollte, dass im gesellschaftlichen Konkurrenzkampf nur die Stärksten bestehen können. Von hier aus war der Weg nicht weit zum Gedankengut der Nationalsozialisten. Sie gaukelten den Menschen vor, über eine wissenschaftliche Legitimation für eine Unterscheidung zwischen wertvollem und wertlosem, minderwertigem menschlichem Leben zu verfügen.

EVOLUTIONSSTRATEGIEN IN DER TECHNIK NUTZEN DIE MECHANISMEN DER EVOLUTION

Die Grundprozesse der Evolution, nämlich die Erzeugung zufälliger Varianten und die Auslese der vorteilhaften Varianten, werden heute vielfach in der Technik genutzt. Den Anfang machten in den frühen 60er-Jahren zwei junge Wissenschaftler an der TU Berlin, Ingo Rechenberg und Hans-Paul Schwefel, mit ihrer optimalen Konstruktion einer Zweiphasendüse. Mit dieser Vorrichtung wurde ein Wasserdampfstrahl auf hohe Geschwindigkeiten beschleunigt. Diese Heißwasserdampfdüse war als Modell für eine Düse gedacht, durch die später heißes Kalium strömen sollte. Man erwog eine Nutzung für einen Stromgenerator in Satelliten.

Dieses Ereignis markiert den Beginn der Evolutionsstrategie, die inzwischen eine enorme Bedeutung im Ingenieurwesen sowie in vielen weiteren Gebieten erlangt hat. Sie lehnt sich in wichtigen Grundzügen an die Evolution der Lebewesen an.

Die Optimierung der Düsenform wurde experimentell vorgenommen. Als Ausgangsform wurde eine konventionell geformte Düse (Venturidüse) mit einem langen, sich verjüngenden Einlauf und einem etwas kürzeren, divergierenden Auslauf benutzt (Abb. 2). Um es vorwegzunehmen: Das Endergebnis war eine völlig unerwartete, weil sehr unregelmäßige Form. Im Einströmungs- und Ausströmungsteil hatten sich die Längenverhältnisse umgekehrt, und es waren Zwischenkammern dazugekommen. Der Wirkungsgrad war gegenüber der Ausgangsform um 25 % verbessert – eine geradezu sensationelle Steigerung bei einem Projekt, bei dem jedes Prozent zählte.

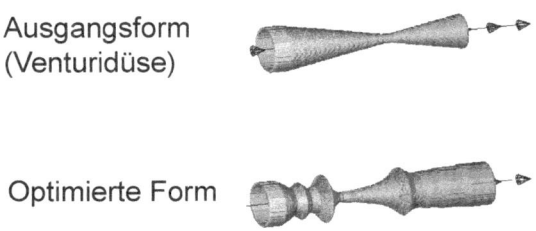

Ausgangsform
(Venturidüse)

Optimierte Form

Abb. 2: Schwefel, H.-P. (1968): Experimentelle Optimierung einer Zweiphasendüse. Interner Bericht HE/F 35-B, AEG Forschungsinstitut, Berlin, Oktober 1968.

Dabei ging man folgendermaßen vor: Die Düse
wurde aus 27 aneinandergeschobenen Metallringen (Segmenten) zusammengesetzt (Abb. 3). Hierzu stand ein Baukasten mit 330 Metallringen mit
vielen unterschiedlichen Innenbohrungen zur Verfügung. Darunter waren auch Scheiben mit günstig
abgestuften konischen Innenbohrungen, um glatte
Übergangsformen zu ermöglichen. Damit ließen
sich theoretisch – wie man mithilfe der Kombi-
natorik berechnen kann – 330 über 27 = 10^{60} verschiedene Düsenformen ohne Sprung in den Konturen zusammensetzen. Diese Größenordnung
übersteigt unser Fassungsvermögen, vor allem
wenn man weiß, dass seit der Entstehung des Le-

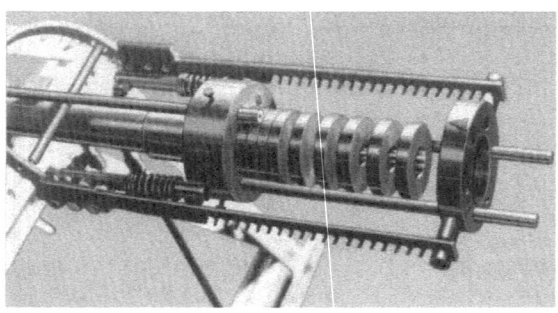

Abb. 3: Düse, aus dem Modellbaukasten zusammengesetzt.

bens auf der Erde erst etwa 10^{16} Sekunden, seit der Entstehung des Weltalls noch nicht einmal 10^{17} Sekunden vergangen sind. Selbst wenn man im Voraus extreme Sprünge in der Konturform ausschließt, wäre es ein völlig aussichtsloses Unterfangen, alle Möglichkeiten durchzuprobieren, um die günstigste Düsenform zu finden.

Stattdessen wurde die Evolutionsstrategie eingesetzt. Die experimentelle Veränderung der Düse erfolgte auf zweifache Art:

1. An zufällig ausgewählten Stellen wurde der Durchmesser der Düse abgewandelt. Hierzu wurden zufällig ausgewählte Scheiben aus dem Baukasten benutzt. Um glatte Formen zu gewährleisten, wurden bei einer Veränderung der Kontur noch die beiden Nachbarscheiben mit ausgewechselt, sodass keine Sprünge entstanden.

2. Neben dem Durchmesser konnte auch die Anzahl der Scheiben verändert werden, indem wiederum an einer zufällig ausgewählten Stelle eine neue Scheibe dazwischen oder aber eine vorhandene Scheibe herausgenom-

men wurde. Auch hier wurde durch Auswechseln der Nachbarscheiben für glatte Konturen gesorgt. Im Schnitt wurde die Zahl der Scheiben seltener verändert als der Durchmesser.

Nach jeder Veränderung wurde die Anströmgeschwindigkeit gemessen. Nur bei einer Verbesserung wurde die veränderte Form als Ausgangsmodell für Folgeexperimente beibehalten. Bei schlechteren Werten beließ man es bei der alten Form. Nach 44 Verbesserungen, den erfolgreichen Zwischenformen der Düse, gelangte man mit der Nummer 45 zur optimierten Form.

EVOLUTION DER LEBEWESEN

Die biologische Evolution zeigt verwandte Züge. Sie verläuft allerdings ungleich raffinierter, sonst hätte sich das Leben auf unserer Erde in der Zeit von etwa 10^{16} Sekunden nicht zu solchen Organisationshöhen entwickeln können, wie wir sie heute kennen. Worin liegen die Gemeinsamkeiten, worin die Unterschiede?

Dem technischen Ansatz lag ein zweistufiger Prozess zugrunde:

1. Die Erzeugung zufälliger Varianten: Im technischen Beispiel handelte es sich um den Austausch von Scheiben. In der Biologie entspricht dies den genetischen Veränderungen, also Mutationen durch Austausch von DNA-Bausteinen, den Desoxyribonukleotiden.

2. Die Auswahl der vorteilhaften Varianten: Im technischen Beispiel erfolgte die Bewertung durch Messung der Strömungsgeschwindigkeit mit anschließender Formverbesserung. In der Natur wird dies durch die Selektion besorgt. Das heißt, die Selektion bringt eine Richtung in das durch Mutation erzeugte Rohmaterial.

Trotz vieler Ähnlichkeiten müssen wichtige Unterschiede zwischen der biologischen Evolution und den Anfängen der Evolutionsstrategie aus der Technik hervorgehoben werden. Während sich der technische Optimierungsprozess seinerzeit aus Kostengründen nur an einem Objekt vollzog, spielt sich die biologische Evolution innerhalb ganzer Populationen ab, in denen nicht nur Mutationen auftreten, sondern diese untereinander auch im Genaustausch stehen und sich reproduzieren. In der Biologie ist nicht das einzelne Individuum, sondern die Population die Evolutionseinheit.

GENAUSTAUSCH

Die entscheidende Rolle bei der Erzeugung der Varianten spielt in der Natur die Rekombination des Erbguts. Rekombination bedeutet bei den Eukaryoten Austausch von Sequenzabschnitten der DNA zwischen männlichem und weiblichem Genom. Die Möglichkeit zum Austausch von DNA steht nur solchen Organismen zur Verfügung, welche die Möglichkeit zur sexuellen Fortpflanzung haben. Auf diese Weise treten in jeder Generation neue Genkombinationen auf, die für ständige Neuerungen sorgen. Daraus werden die Effizienz und die Geschwindigkeit verständlich, mit der in der Natur Verbesserungen in allen möglichen Kombinationen durchgespielt werden.

Bei komplexen Lebewesen mit einer langen Generationsdauer, kleinen Populationen und einem sorgfältig ausbalancierten Genotypus wäre ohne Sexualprozesse die Wahrscheinlichkeit verschwindend gering, dass ein entsprechender Gentransfer zur richtigen Zeit eintreten würde. Mit anderen Worten: Die Vorteile der Sexualprozesse für eine effektive Rekombination und damit für eine angemessene genetische Variabilität machen den großen Erfolg der Eukaryoten und insbesondere der Vielzeller im Lauf der Evolution verständlich.

Bakterien und einige Pilze haben andere Strategien für den Gentransfer zwischen Organismen entwickelt. Dazu zählen die Fusion von vegetativen Zellen sowie der sogenannte *horizontale Gentransfer*. Dieser umfasst unter anderem die Aufnahme variabler Mengen von DNA aus der Umgebung, auch von fremden Arten, und die Integration von DNA-Fragmenten ins eigene Genom.

Der Preis für die sexuelle Fortpflanzung ist jedoch das Altern und Sterben des Individuums. Bei Einzellern, die sich ausschließlich vegetativ vermehren, gibt es, abgesehen von der Möglichkeit eines Unfalltods, kein Altern und keinen Tod. Bei ihrer Zellteilung werden aus der Mutterzelle zwei Tochterzellen. Vegetativ sich fortpflanzende Zellen sind im Prinzip unsterblich.

GENETISCHE ALGORITHMEN

Ein wichtiger Unterschied zwischen Evolution und der ursprünglichen Evolutionsstrategie in der Technik besteht darin, dass frühe Evolutionsstrategien im Wesentlichen auf der *Phänotyp*-Ebene operierten. Hierunter versteht man die äußeren Merkmale, in der Biologie die Gesamtheit der physischen und physiologischen Merkmale. In der Natur werden die Varianten auf *Genotyp*-Ebene, der Gesamtheit aller Erbanlagen eines Organismus, erzeugt; die Bewertung erfolgt jedoch auf *Phänotyp*-Ebene.

Genetische Algorithmen, wie sie 1986 zum ersten Mal von dem Informatiker John H. Holland (1929–2015) in den USA verwendet wurden, beruhen genau auf diesem Prinzip: Sie führen zu robusteren Ergebnissen. Während bei der Evolutionsstrategie in ihrer ursprünglichen Form nur Mutation und Selektion nachgeahmt werden (man bezeichnet dies als zweigliedrige Strategie), setzen genetische Algorithmen von Anfang an auf sämtliche Mechanismen: Mutation, Selektion, Rekombination und das Populationsprinzip, also auf die mehrgliedrige Strategie, wie sie von den Lebewesen genutzt wird.

ENTSTEHUNG UND ENTFALTUNG DES LEBENS

Die Frage »Was ist Leben?« ließe sich besser beantworten, wenn man wüsste, wo und wie Leben entstanden ist. Aus biologischer Sicht existieren prinzipiell zwei Möglichkeiten: Die Ursprünge des Lebens befinden sich außerhalb der Erde – dann hätte Leben aus dem Weltall zur Erde gelangen müssen –, oder aber Leben ist auf der Erde entstanden.

PANSPERMIE-HYPOTHESE

So abenteuerlich auch die erste Hypothese anmutet, sie wurde in der Vergangenheit von bedeutenden Wissenschaftlern unterstützt, darunter Louis Pasteur (1822–1895), Hermann von Helmholtz (1821–1894) und Francis Crick (1916–2004).

Seit den theoretischen Arbeiten des Schweden Svante Arrhenius (1859–1927), einem namhaften Physikochemiker und Nobelpreisträger des Jahres 1903, wird sie als *Panspermie-Hypothese* (griechisch *panspermia* = All-Saat) bezeichnet. Das Hauptproblem dabei ist, wie Leben von seinem Ursprungsort in den interstellaren Raum gelangen, dort überleben und wieder auf einem neuen Planeten ankommen kann. Die Zahl der Planeten im gesamten Universum wird auf mindestens 100 Milliarden geschätzt. Der erdähnliche Planet Ross 128b ist elf Lichtjahre von unserem Sonnensystem entfernt. Er umkreist einen inaktiven Roten Zwergstern und besitzt vermutlich ein mildes Klima und eine der Erde ähnliche Oberflächentemperatur.

Es ist vorstellbar, dass Substrat mit eingebetteten Keimen bei einem Zusammenstoß mit einem Asteroiden, Kometen oder bei Meteoriteneinschlägen ins All geschleudert und mit diesem weitertransportiert wird. Gerade in ihren frühen Stadien war auch die Erde einem intensiven Bombardement mit den genannten Himmelskörpern ausgesetzt. Allerdings gilt es zu bedenken, dass die Extrembedingungen im Weltraum harte Anforderungen an eine Überlebensfähigkeit stellen. Die Astrobiologie befasst sich mit solchen Möglichkeiten.

Doch selbst wenn die Panspermie-Hypothese zuträfe, die Frage nach dem Ursprung des Lebens würde dadurch lediglich verschoben, nämlich auf einen anderen Ort im Weltraum, einen anderen Planeten. Den historischen Ablauf werden wir niemals ergründen können. In jedem Fall lassen sich aber die Zeitabschnitte einengen, in denen Leben auf der Erde begonnen haben muss.

Unser Universum ist nach bisherigen Erkenntnissen ungefähr 13,7 Milliarden Jahre alt. Das Alter der Erde schätzt man zwar auf knapp 4,6 Milliarden Jahre, jedoch kam es nach einer anfänglichen Phase enormer Hitze, die kein Lebewesen überstanden hätte, erst vor ungefähr 4 Milliarden Jahren zur Erstarrung der Erdkruste. Dies ist der Beginn des Archaikums. Da die ältesten gesicherten Lebensspuren auf der Erde aus einer Zeit vor fast 3,5 Milliarden Jahren stammen, hätten für die Entstehung des Lebens außerhalb der Erde nicht mehr als 10 Milliarden Jahre zur Verfügung gestanden. Das heißt, Leben hätte im Zeitraum zwischen 4 und 3,5 Milliarden Jahren auf die Erde gelangen müssen.

ENTSTEHUNG DES LEBENS
AUF DER ERDE

Die Zeitspanne für eine Entstehung des Lebens auf der Erde verengt sich damit ebenfalls auf den Zeitraum zwischen 4 und 3,5 Milliarden Jahren. Das heißt, in diesem Fall hätte sich der Übergang von unbelebter in belebte Materie in nur einer halben Milliarde Jahre vollziehen müssen. Diesen Übergang hat man sich kontinuierlich vorzustellen. Darüber lässt sich nur spekulieren.

Ein ungelöstes Rätsel ist die Herkunft von Wasser auf dem noch jungen Planeten. Denkbar wäre der Eintrag durch Asteroiden- oder Kometeneinschlag, vielleicht aber auch durch Freisetzung aus mineralischen Gesteinen. Jedenfalls ist ein Leben auf der Erde ohne Wasser ausgeschlossen.

DIE ERSTEN LEBEWESEN

Was die ersten Lebewesen auf der Erde betrifft, ist unter den Paläobiologen ein wahrer Wettlauf um die ältesten Lebensspuren entbrannt. So wurden in Südwestgrönland gebänderte Eisenformationen mit einem Alter von 3,8 bis 2,5 Milliarden Jahren entdeckt, an deren biogenem Ursprung keine Zweifel bestehen. Noch ungeklärt dagegen ist die Frage nach den beteiligten Mikroorganismen. Man vermutet inzwischen die Anwesenheit phototropher Eisen(II)-oxidierender Bakterien. Durch vulkanische Aktivitäten kam es zur Anreicherung von gelösten Eisen(II)-Verbindungen im Meerwasser. Mithilfe von Licht könnten entsprechende Bakterien in Abwesenheit von Sauerstoff Eisen(II)-Verbindungen zum unlöslichen roten Eisen(III) oxidiert und die dabei freigesetzte Energie zur Synthese organischer Verbindungen genutzt haben. Das Eisen(III)-Oxid fiel aus und bildete im Lauf vieler Jahrmillionen mächtige Lagen aus Eisenoxid, heute wertvolle Abbaugebiete von Eisenerz.

Weitere heiße Kandidaten für die ältesten Lebensspuren sind fossile Stromatolithen. Sie enthalten prokaryotenähnliche Mikrofossilien. Die ältesten Formen finden sich in Südafrika und Westaustralien und stammen aus einer Zeit vor knapp 3,5 Milliarden Jahren. Auch heute gibt es noch Stromatolithen, zum Beispiel an der Küste Westaustraliens. Es handelt sich um geschichtete kugel- oder säulenförmige Gebilde, die einen halben Meter aus dem Wasser ragen und aus feingeschichtetem Kalk zusammen mit Cyanobakterien und anderen Bakterien bestehen. In den Biofilmen werden Partikel eingefangen und gebunden. Auf diese Weise wird Schicht auf Schicht gelagert, und es entstehen laminierte Strukturen.

CHEMISCHE EVOLUTION

Wenn Leben auf der Erde entstanden ist, erhebt sich die Frage, ob dies auch heute noch möglich wäre. Die Antwort ist ein entschiedenes Nein. Denn nur unter den Bedingungen einer reduzierenden Uratmosphäre mit hohen Konzentrationen an Ammoniak, Methan, Wasserstoff, Wasserdampf und Schwefelwasserstoff, später auch CO_2 und CO, aber in Abwesenheit von Sauerstoff, konnten sich kleinere organische Moleküle anreichern, vor allem Aminosäuren und Nukleotide, die wesentlichen Grundbausteine aller Lebewesen. Der biologischen Evolution muss eine chemische Evolution vorausgegangen sein. Gibt es dafür Hinweise?

Die beiden amerikanischen Wissenschaftler Stanley Miller (1930–2007) und Harold Urey (1893–1981) hatten bereits Mitte des vergangenen Jahrhunderts gezeigt, dass sich entsprechende präbiotische Bedingungen im Labor simulieren lassen. Sie konstruierten einen Kreislauf, indem sie Wasser, Methan, Ammoniak und Wasserstoff zusammenbrachten. Beim Kochen des Wassers vermengte sich der Dampf mit dem Gasgemisch. Mit Funkenschlägen wurden Blitze nachgebildet. Bereits nach einer Woche fanden sich in dem Kolben eine Vielzahl organischer Verbindungen, darunter Glycin und weitere Aminosäuren. Die Wissenschaftler hatten eine Art Ursuppe aus anorganischen Verbindungen zusammengekocht und dabei einige Biomoleküle erzeugt.

Dies hatten schon 30 Jahre zuvor der Russe Alexander Iwanowitsch Oparin (1894–1980) und der Engländer John B. S. Haldane (1892–1964) unabhängig voneinander postuliert. Sie erkannten, dass die besonderen Bedingungen auf der noch jungen Erde die Synthese organischer Verbindungen aus anorganischen Vorstufen der Uratmosphäre und eines Urmeers fördern mussten. Bereits ihnen war klar, dass ein solcher Vorgang in unserer heutigen sauerstoffreichen Atmosphäre unmöglich gewesen wäre.

Somit muss bei diesem Szenario der Entstehung des Lebens eine chemische Evolution vorausgegangen sein. Dann folgten im zweiten Schritt die Synthese von Biopolymeren und schließlich die Bildung von Zellvorläufern (Protobionten). So interessant diese Aufeinanderfolge auch erscheinen mag, es ist bis heute nicht gelungen, aus den erforderlichen Grundbausteinen Vorstufen von Zellen herzustellen, denen man bereits wesentliche Eigenschaften von Leben zusprechen könnte.

PROTOBIONTEN

Man rechnet heute mit der Möglichkeit, dass sich die Geburtsstätte des Lebens in den heißen Quellen am Grund der Tiefsee befand. Neben den sogenannten *Schwarzen Rauchern*, heißen vulkanischen Schloten zum Beispiel vor der amerikanischen Nordwestküste, kommen vor allem landbasierte Hydrothermalquellen in Vulkanlandschaften infrage, wie sie etwa auf der Halbinsel Kamtschatka oder im Yellowstone Nationalpark vorkommen.

Schwarze Raucher wurden vor einigen Jahren am mittelatlantischen Rücken 800 Meter unter dem Meeresspiegel entdeckt. Hier findet man bienenstockartige, bis zu 60 Meter hohe Carbonat-

Hügel, aus denen stark alkalische und nur 90 °C heiße Minerallösungen austreten. In ihrer Umgebung findet man heute eine Lebensgemeinschaft von Archaeen und Tieren.

Besonders interessant am Austritt dieser Quellen ist die Gelbildung aus Eisensulfiden in membranumschlossenen Behältern, in welchen chemische Reaktionen stattfinden können. Solche Membranen dürften dafür gesorgt haben, dass organische Moleküle in den Hohlräumen gefangen blieben und sich anreicherten. Entsprechende Vorgänge würde man bei der Biogenese von Zellvorstufen, den Protobionten, erwarten.

Nur wie Leben begann, dies wird sich vermutlich nie beantworten lassen. Aber die Wissenschaft kann Auskunft darüber geben, wie es gewesen sein könnte!

Während der Beginn des Lebens noch im Dunkeln liegt, weiß man heute sehr viel besser über die Aufeinanderfolge der Lebewesen im Verlauf der Erdgeschichte Bescheid. Grundlage hierfür sind fossile Funde, für die Altersbestimmungen vorliegen, in Kombination mit Daten aus der Evolutionsforschung, insbesondere molekularer Stammbäume.

VERÄNDERUNGEN DER ATMOSPHÄRE

Während auf der Erde ursprünglich eine reduzierende Atmosphäre vorherrschte, kam es ab der Zeit vor 2,7 Milliarden Jahren zu einem langsamen Anstieg der Sauerstoffkonzentration. Die allmähliche Umwandlung der reduzierenden zu einer oxidierenden Atmosphäre hatte tief greifende Folgen für die Prokaryotenwelt, welche die beiden Gruppen Archaeen und Bakterien umfasst (im Folgenden kurz als Bakterien bezeichnet). Unter den Bedingungen der reduzierenden Atmosphäre traten neben den phototrophen Eisen(II)-oxidierenden Bakterien eine Vielzahl weiterer phototropher Bakterien auf, die andere Substrate als Elektronenquelle nutzten. Dazu zählen insbesondere Schwefelbakterien. Sie setzen Schwefel frei, wenn dem Schwefelwasserstoff mithilfe von Licht Elektronen entzogen werden.

Die Erfindung der *aeroben Photosynthese* fällt in die Zeit vor etwa 2,7 Milliarden Jahren, als sich die Cyanobakterien ausbreiteten. Ihnen gelang zum ersten Mal das Kunststück, mithilfe des Lichts aus Wasser und CO_2 organische Verbindungen herzustellen – ein energetisch außerordentlich anspruchsvoller Vorgang! Dabei diente das reichlich vorhandene Wasser als Elektronenquelle für die Reduktion von CO_2. Dies hatte weitreichende Folgen: Als Nebenprodukt der Photosynthese wurde Sauerstoff freigesetzt, wenn dem Wasser Elektronen entzogen wurden. Erst als das Meerwasser mit Sauerstoff gesättigt war, begann der Sauerstoff auszugasen und sich in der Atmosphäre anzureichern.

Die allmähliche Umwandlung der reduzierenden zu einer oxidierenden Atmosphäre bedeutete für anaerobe Prokaryoten eine Katastrophe, denn der freigesetzte Sauerstoff erwies sich als ein giftiges Gas für die strikt anaeroben Lebewesen. Erst mit der Erfindung des Oxidationsschutzes waren mehrere Prokaryoten in der Lage, die ansteigende Sauerstoffkonzentration zu tolerieren. Einige unter ihnen gingen sogar noch einen Schritt über die bloße Sauerstofftoleranz hinaus. Sie nutzten die oxidierende Wirkung des Sauerstoffs für die Zellatmung. Bei diesem Stoffwechselweg werden Elektronen von energiereichen Molekülen schrittweise auf den Sauerstoff übertragen, was eine wesentlich effektivere Energiegewinnung ermöglichte.

Noch ein Wort zu den Zeitabläufen. Während die anaerobe Photosynthese deutlich vor 3 Milliarden Jahren begann, setzte die aerobe Photosynthese erst sehr viel später ein, ungefähr vor 2,7 Milliarden Jahren. Vor 2,3 Milliarden Jahren war dann durch die Photosynthese der Cyanobakterien der Sauerstoffgehalt der Atmosphäre auf 0,02 Volumenprozent O_2 (Urey-Pegel) gestiegen, welcher die aerobe Atmung ermöglichte. Zuerst bei den Prokaryoten, danach erfolgte die Evolution der Eukaryoten. Die ältesten Fossilien der Eukaryoten stammen von Einzellern, die vor 2,2 Milliarden Jahren lebten. Erst später ermöglichte der weitere Anstieg der Sauerstoffkonzentration die Evolution vielzelliger Eukaryoten, die vor 1,5 Milliarden Jahren zum ersten Mal auftauchten. Der Schritt vom Wasser auf das Festland gelang den Organismen jedoch erst vor 0,5 Milliarden Jahren (Untersilur), als die Sauerstoffkonzentration auf 2,1 Volumenprozent (Pasteur-Pegel) gestiegen war. Dies hängt mit der Bildung des Ozongürtels in der Stratosphäre, der obersten Schicht der Atmosphäre, zusammen, der die schädliche UV-Strahlung aus dem Weltraum herausfiltert. Bis dahin waren die Lebewesen im Wasser vor der UV-Strahlung geschützt.

ÖKOLOGIE

ARTENVIELFALT

Man kennt heute fast zwei Millionen Arten. Der größte Anteil entfällt mit 1,5 Millionen auf die Tiere, darunter etwa 1 Million Insekten. Pflanzen und Pilze bringen es zusammen auf etwa 400.000 Arten. Nicht berücksichtigt sind dabei die Bakterienarten, deren Zahl weit darüber hinausgeht.

Allerdings ist die Zahl der bisher noch unbekannten Arten um ein Vielfaches höher. Unterschiedlichen Schätzungen zufolge gibt es weltweit zwischen 5 Millionen und 20 Millionen Arten. Die meisten noch unbekannten Arten vermutet man in den tropischen Urwäldern.

Arten sind natürliche Populationen. Ihre Mitglieder weisen ähnliche anatomische und physiologische Merkmale auf und können sich unter natürlichen Bedingungen kreuzen. Damit ist eine Art eine Fortpflanzungsgemeinschaft. Sie ist reproduktiv von anderen Arten isoliert. Eine Art ist darüber hinaus eine genetische Einheit, die aus einem großen gemeinsamen Genpool besteht. Wie der bedeutende Evolutionsbiologe Ernst Mayr (1904–2005) es ausgedrückt hat, ist dagegen das Individuum lediglich ein vorübergehendes Gefäß für einen kleinen Anteil des Genpools während einer flüchtigen Zeitspanne. Die Art ist damit biologisch definiert. Es liegen ausschließlich Kriterien zugrunde, die in der unbelebten Welt keine Rolle spielen.

Der vor 300 Jahren geborene schwedische Arzt und Naturforscher Carl von Linné (1707–1778) entwickelte das System, nach dem die Lebewesen auch heute noch klassifiziert werden. Er führte die *binäre Nomenklatur* ein, das heißt eine doppelte Benennung der Organismen mit vorangestelltem Gattungs- und nachgestelltem Artnamen, zum Beispiel *Homo sapiens* oder *Drosophila melanogaster*.

Weiterhin entwickelte er ein Ordnungssystem zur Gruppierung von Arten. Das Linnésche System besteht aus einer Hierarchie zunehmend allgemeiner Kategorien: Arten werden zu Gattungen, Gattungen zu Familien, diese zu Ordnungen, Klassen, Abteilungen und Reichen zusammengefasst. Diese Gruppierungen hatten für Linné allerdings nicht die Bedeutung einer stammesgeschichtlichen Verwandtschaft. Zu seiner Zeit glaubte man fest an eine gleichzeitige Erschaffung sämtlicher Lebewesen.

Mit der Benennung und Klassifizierung von Organismen befassen sich die Systematiker und die Taxonomen. Sie müssen in der Lage sein, Lebewesen zu bestimmen und zu identifizieren. Dabei handelt es sich keineswegs um einen Selbstzweck. Vielmehr werden entsprechende Kenntnisse benötigt, wenn es beispielsweise darum geht, Schadorganismen und Nützlinge auseinanderzuhalten. Auch die Nutzung von Organismen für die Biotechnologie ist darauf angewiesen.

Der Paläontologe Reinhold Leinfelder von der FU Berlin verweist auf das Beispiel Korallenriff, auf dem viele Organismen auf engstem Raum zusammenleben. Sie haben deshalb Strategien entwickelt, sich vor Infektionen zu schützen. Hierzu zählt die Vielfalt natürlicher Antibiotika, die in neue pharmazeutische Produkte umgesetzt werden können. Um die entsprechenden Organismen wiederzufinden, sind taxonomische Kenntnisse unverzichtbar. Selbstverständlich gehören heute zum Handwerkszeug der Taxonomen auch gründliche molekularbiologische Kenntnisse.

DIE LEHRE VOM HAUSHALT DER NATUR

Mit der Verteilung und Häufigkeit der Lebewesen in verschiedenen Lebensräumen befasst sich die Ökologie als die Lehre vom Haushalt der Natur. Der Begriff Ökologie wurde bereits 1866 von Ernst Haeckel (1834–1919), einem deutschen Biologen und Anhänger des Darwinismus, eingeführt. Der Name leitet sich ab aus dem griechischen Wort *oikos* für Haus (im Sinne von Haushalt der Natur) und *logos* für Lehre. In der Ökologie interessiert man sich zum einen dafür, welchen Einfluss die Umwelt auf die Organismen hat. Zum anderen möchte man wissen, wie sich die Wechselwirkungen zwischen den Organismen auswirken. Es geht insbesondere um die Dynamik und um die Stabilität – nicht nur von Populationen, sondern auch von ganzen Artengesellschaften oder gar Ökosystemen. Letztlich steht die gesamte Biosphäre im Fokus.

Noch ist viel zu wenig bekannt, welche Folgen Eingriffe in einen Lebensraum für das Gesamtsystem haben. In der Biosphäre erfolgt Produktion nicht auf Kosten ihrer Produktionsgrundlagen. Dagegen läuft die Zivilisation Gefahr, durch ihre eigene Produktion zugleich deren Grundlagen zu zerstören. In der Biosphäre erfolgt ein optimales Recycling, also eine Wiederverwertung ihrer Abfälle. Die Zivilisation führt dagegen nur einen kleinen Teil ihrer Abfälle einer Wiederverwertung zu. Stattdessen verlagert sie die Abfälle entweder in Deponien und somit in die Böden oder aber über die Müllverbrennung in die Atmosphäre. In der Natur wird die gesamte Energie optimal genutzt, es kommt zu keinen Energieverlusten. Dagegen ist der Energienutzungsgrad der Zivilisation gering. Er liegt in Deutschland unter 30 %. Das sind nur einige, wenn auch sehr wichtige Punkte.

Die Eingriffe des Menschen in die Biosphäre seit Beginn der industriellen Revolution um das Jahr 1800, vor allem während der letzten 150 Jahre, sind jedoch so massiv, dass die Frage berechtigt ist, ob diese Veränderungen vom Haushalt der Natur noch kompensiert werden können.

GEFÄHRDUNG DER BIOLOGISCHEN VIELFALT

Die biologische Vielfalt ist stark gefährdet. Dies betrifft die Dezimierung der tropischen Regenwälder, den weltweit artenreichsten Ökosystemen, durch Abholzung und Rodung. Mit den Regenwäldern haben zahlreiche Arten ihren Lebensraum verloren und sind bereits ausgestorben. Dieser Prozess hält unvermindert an.

An zweiter Stelle stehen die Weltmeere, die das zweitartenreichste Ökosystem der Erde darstellen und durch Erwärmung des Wassers sowie durch Eintrag von Düngemitteln, Plastikteilchen und Schadstoffen gefährdet sind. Am Absterben von Korallenriffen ist dies deutlich zu erkennen. Besonders betroffen sind die weniger zugänglichen, aber belebten marinen Lebensräume wie zum Beispiel Tiefseezonen. Im Puerto-Rico-Graben in einer Wassertiefe von über 8000 Metern finden sich noch Fische. Archaeen in der Nachbarschaft der Schwarzen Raucher kommen in Tiefen von mindestens 9000 Metern vor.

Am bedrohlichsten für die biologische Vielfalt ist der Klimawandel. Er beruht zu einem hohen Anteil auf dem Treibhauseffekt. Das Abschmelzen von Eis in der Arktis und Antarktis sowie der Rückgang der Gletscher sind untrügliche Zeichen für den Klimawandel. Er bewirkt längerfristig eine Verschiebung von Klimazonen, an die sich viele Arten nicht oder nicht schnell genug anpassen können und somit vom Aussterben bedroht sind. Die Hauptursachen, für deren Zunahme in erster Linie der Mensch verantwortlich ist, sind nicht allein die Treibhausgase CO_2 und Methan. Menschliche Eingriffe führen auch zu einer Beeinträchtigung der Lebensräume. Zu den negativen Auswirkungen zählt die Verringerung der Bodenqualität durch Versiegelung und Verdichtung, die Verkleinerung von Flussauen und Überflutungsflächen durch die Begradigung und Eindeichung von Flüssen, die Trockenlegung von Mooren und die Ausbreitung von Monokulturen.

Die Verbreitung und Popularisierung der ökologischen Gedanken und Ideen haben wesentlich dazu beigetragen, den Gedanken des Umweltschutzes im Bewusstsein der Menschen zu verankern. Großes Aufsehen erregte die amerikanische Biologin Rachel Carson (1907–1964) Anfang der 60er-Jahre des letzten Jahrhunderts mit ihrem Hauptwerk »Der stumme Frühling«, was letztlich ein Verbot von DDT und anderen persistenten Umweltgiften bewirkte.

Von erheblicher Öffentlichkeitswirksamkeit war auch die vom Club of Rome herausgegebene Studie »Grenzen des Wachstums« (1972). Heute zählen globale Krisen wie der Klimawandel zu den Forschungsgebieten der Ökologie.

So überrascht es nicht, dass sich der Begriff Ökologie weit über den engen naturwissenschaftlichen Rahmen der Biologie hinaus entwickelte. Heute werden ökologische Erkenntnisse zunehmend auf gesellschaftliche Bereiche übertragen. Dahinter verbirgt sich die Absicht, das Verhältnis des Menschen zu seiner Umwelt zu verändern. »Ökologisch« bedeutet inzwischen auch umweltverträglich, sauber, rücksichtsvoll, nachhaltig und gut verwendet.

ÖKOLOGIE ALS GANZHEITLICHE WISSENSCHAFT

Dies unterstreicht, dass die Ökologie eine ganzheitliche Wissenschaft ist. Was wir zuvor auf Organismusebene festgestellt hatten, gilt auch hier: Eine isolierte Betrachtung von Einzelkomponenten reicht nicht zum Verständnis des gesamten Systems aus. Denn das Gesamtsystem ist tatsächlich mehr als die Summe seiner Teile – schon deshalb, weil die Einzelkomponenten häufig auf hoch komplizierte Weise miteinander in Wechselwirkung stehen. Nur ein ganzheitlicher, ein holistischer Ansatz, der die komplexen Wechselwirkungen berücksichtigt, kann hier weiterführen.

Der klassischen Molekularbiologie lag ursprünglich ein anderes Konzept zugrunde. Das gilt ebenso für die darauf aufbauenden Disziplinen *Zellbiologie* und *Biotechnologie*. Der Erfolg ihres Ansatzes besteht in der gedanklichen Zerlegung der Lebewesen in ihre kleinsten Bestandteile bis hinab zu den Molekülen sowie in der präzisen Analyse ihrer Eigenschaften. Auf dieser Basis wird versucht, das gesamte System zu erklären. Der Nutzen dieses reduktionistischen Ansatzes ist weithin sichtbar. Hierzu zählt zum Beispiel die Entschlüsselung des genetischen Codes ebenso wie die Sequenzierung einer inzwischen großen Zahl von Genomen, darunter auch des menschlichen. Dass man heute zumindest in Umrissen versteht, wie der genetische Code in biologische Merkmale umgesetzt wird, ist diesem Ansatz zu verdanken.

Diese und viele andere Erfolge, die bis weit in die Medizin hineinreichen, haben die Biologen und ihre fachnahen Kollegen aus der Chemie und Physik häufig davon abgehalten zu akzeptieren, dass dieser reduktionistische Ansatz nicht ausreicht, die Eigenschaften eines Gesamtsystems zu erfassen und zu erklären. Worauf es ankommt, sind die *Wechselwirkungen,* die auf und zwischen allen Ebenen biologischer Komplexität auftreten, also zwischen den Genen eines Genotyps, zwischen Genen und Zellen, zwischen Geweben und Organen des Organismus, zwischen Organismus und seiner unbelebten Umwelt sowie zwischen den Organismen.

So ist es nicht verwunderlich, dass es in der Vergangenheit zahlreiche Missverständnisse zwischen Molekularbiologen und Ökologen gab und dass die gegenseitige Anerkennung durchaus Defizite aufwies, sodass – um es plakativ auszudrücken – Molekularbiologen den Ökologen irgendwo zwischen Waldschrat und Wurzelsepp ansiedelten, Ökologen den Molekularbiologen zwischen Erbsenzähler und Bioklempner.

Der Krebsforscher Yuri Lazebnik aus den USA hat dieses Dilemma vor wenigen Jahren mit seinem amüsanten und vielleicht auch leicht übertriebenen Beitrag »Kann ein Biologe ein Radio reparieren?« verdeutlicht. Dieser erschien 2002 in Cancer Cell, einem renommierten wissenschaftlichen Journal. Lazebnik stellte die Anstrengungen eines Biologen, das »Gesamtsystem Lebewesen« zu verstehen, dem Ansatz eines Ingenieurs gegenüber, die Funktionsweise eines Transistorradios zu erfassen. Wie würde sich der Biologe beim Radio anstellen? Ein Postdoc aus der Molekularen Biologie würde aus dem Radio einen Bestandteil entfernen, ähnlich wie man mit einem Knock-out-Gen umgeht. Und wenn das Radio nicht mehr funktioniert und keine Musik mehr spielt, würde dieses Teil »Most Important Component (MIC)« benannt, und die Karriere des Postdoc wäre gesichert. Bald würde ein weiterer Postdoc kommen und ein »Really Important Component (RIC)« finden, was eine ähnliche Bedeutung für die Funktion des Radios hätte und so weiter und so fort.

Was für das Radio von Bedeutung ist – und dasselbe gilt für die Zelle und für den Organismus –, ist nicht nur, was vorhanden ist, sondern – was vielleicht noch wichtiger ist – wie die Teile miteinander verbunden sind. Der Ingenieur würde gern ein Schaltdiagramm sehen, mit dem sich verstehen ließe, wie ein Radio funktioniert. Er wäre kaum von einem Experiment zu überzeugen, das Radio in einen Homogenisator zu stecken, die Teile dann entsprechend ihrer relativen Dichte zu trennen und sie anschließend entsprechend ihrer Ladung und Masse auf einem 2D-Gel weiter aufzutrennen. Er würde nicht glauben, dass dieses Experiment zum Verständnis beitragen würde, wie ein komplexes System funktioniert.

ÖKOSYSTEMARE VS. MOLEKULARBIOLOGISCHE ANALYSE

Ein Ansatz, der in die richtige Richtung zeigt, berücksichtigt die Wechselwirkungen. Er ist charakteristisch für die ökosystemare Analyse. Zugegeben, wegen der extremen Komplexität der lebenden Systeme, angesichts ihrer ungeheuren Vielfalt, ist es nicht zu erwarten, dass den Aussagen der Ökologen dieselbe Präzision zukommt wie den Aussagen der Molekularbiologen, denn die Gültigkeitsbereiche sind grundverschieden. Das, was dem molekularbiologischen Ansatz an Vollständigkeit fehlt, lässt der ökologische Ansatz an Präzision vermissen. Unvollständigkeit und Ungenauigkeit halten sich bei den beiden sehr unterschiedlichen Ansätzen durchaus die Waage!

Der Molekularbiologe ist der Analytiker. Er versucht, das Größere aus dem Kleineren zu erklären. Dieses Vorgehen hat den Vorteil, dass es zu objektivierbaren Ergebnissen führt. Der holistische Ansatz steht vor der grundsätzlichen Schwierigkeit, dass seine Aussagen oft schwer überprüfbar sind. Denn ein experimenteller Zugang ist gerade bei großen Ökosystemen meist ausgeschlossen, und es ist fraglich, inwieweit Experimente an kleinen Teilsystemen repräsentativ für das gesamte System sind. In vielen Fällen ist man daher auf Wahrscheinlichkeitsaussagen angewiesen.

Bei diesen Unterschieden in den ökosystemaren und molekularbiologischen Konzepten, also zwischen holistischem und reduktionistischem Ansatz, zeichnet sich in jüngster Zeit ab, dass sich beide Richtungen aufeinander zubewegen – wenn auch das Tempo durchaus unterschiedlich ist.

Die Schnittebene könnte die *Systembiologie* (oder integrative Biologie) sein. Ihr Interesse ist die holistische Analyse komplexer Systeme. Sicher stehen vorerst im Vordergrund Netzwerke der Gene, der Makromoleküle und des Stoffwechsels – einschließlich der Modellierung. Die Fortschritte der Bioinformatik und der Computerwissenschaften geben Anlass zu der berechtigten Hoffnung, dass die Erforschung komplexer Systeme nicht auf unüberwindbare Hindernisse stoßen wird, dass sie nicht auf der Ebene der zellularen Netzwerke stehen bleiben, sondern sich über den Gesamtorganismus auch auf Populationen und schließlich auf ganze Ökosysteme erstrecken. Hier steht die Ökologie vor großen Chancen.

BIOLOGIE ALS MOTOR INNOVATIVER ENTWICKLUNGEN

Eine enge Verbindung von Biologie und Technik kann auf zweierlei Weise erfolgen:

1. Biologische Strukturen und Prozesse dienen als Anregungen für die Technik.

2. Ganze Organismen oder Zellen werden direkt in der Technik eingesetzt. Hieraus haben sich zwei verschiedene Teildisziplinen entwickelt, die Bionik und die Biotechnologie.

Bionik

Für die Natur als Inspirationsquelle für technologische Entwicklungen, für das Lernen der Technik von der Natur hat bereits im Jahr 1958 der amerikanische Arzt und Luftwaffenmajor Jack E. Steele (1924–2009) geworben. Er prägte den Begriff *Bionik*. Dieser setzt sich aus »Bio-« von »Biologie« und »-nik« von »Technik« zusammen.

Bionik ist in hohem Maße interdisziplinär. Sie umfasst auf der einen Seite alle Gebiete der Biologie, einschließlich ihrer Nachbardisziplin Medizin sowie den Grundlagen aus Chemie, Physik und Mathematik, und auf der anderen Seite die meisten Gebiete der Ingenieurwissenschaften: Maschinenbau, Bauingenieurwesen, Elektrotechnik oder Informatik. Bionik ist jedoch keine Naturkopie. Ein bloßes Kopieren der Natur kann nicht funktionieren. Vielmehr geht es darum, die Natur als Anregung für technologische eigenständige Entwicklungen zu nutzen.

Der bekannteste und zugleich älteste Vorschlag für das Lernen aus der Natur stammt von dem Künstler und Universalgenie Leonardo da Vinci (1452–1519). Er untersuchte den Flügelschlag der Vögel, woraufhin er einen Plan für den Bau von Schlagflügeln entwickelte.

Bereits in der Vergangenheit gab es einige hervorragende Beispiele für bionische Anwendungen. Die meisten finden sich in der Bautechnik und den Materialwissenschaften.

Die Klimatisierung von Gebäuden ist auch heute noch ein Problem, vor allem bei modernen Glasbauten während der heißen Sommermonate. Termiten haben dieses Problem schon längst gelöst. Sie nutzen ein raffiniertes Klimatisierungssystem. Unter ihren Hügeln graben sie bis zu 30 Meter tiefe Gänge zum Grundwasser. Der Wind, der über den Termitenbau streicht, setzt ein raffiniertes Ventilationssystem in Bewegung, weil sich die Luft um den Termitenbau schneller bewegt. In der Tiefe kommt es zu einer Verdunstung des Grundwassers, diese erzeugt Verdunstungskälte, und die ganze Termitenanlage wird somit gekühlt.

Zu den neueren bionischen Anwendungen zählt seit 1959 der *Velcro-Verschluss*. Dieser Markenname ist abgeleitet von den Anfangssilben der französischen Wörter *velours* für Schlaufe und *crochet* für Haken. Der Schweizer Ingenieur Georges de Mestral (1907–1990) kam 1941 auf diese Idee. Als er eines Morgens mit seinem Hund von einem Jagdausflug zurückkehrte, bemerkte er, wie schwer es war, Kletten aus seiner Kleidung und dem Fell des Hundes zu entfernen. Erstaunt über die Haftkraft dieser kleinen stacheligen Früchte nahm er diese vorsichtig von der Kleidung ab und untersuchte sie unter dem Mikroskop. In der Vergrößerung fand er den Grund für die starke Haftung. Die Kletten tragen an ihrer Oberfläche eine Vielzahl winziger elastischer Haken, die sich in den Schlingen von Textilien und im Fell der Tiere festsetzen. Dieses einfache, aber äußerst wirkungsvolle Haftungsprinzip brachte de Mestral auf die Idee, Verschlüsse nach dieser Methode zu entwickeln. In jahrelanger aufwendiger Arbeit entstand ein revolutionäres mechanisches Verschlusssystem: der Klettverschluss. Er verklemmt sich nicht und übertraf durch seine Einfachheit und Festigkeit alles Bisherige.

Selbstreinigende Oberflächen verdanken ihre Anregung dem *Lotus-Effekt*. Der Bonner Botaniker Wilhelm Barthlott beobachtete bereits Mitte der 70er-Jahre, dass die Oberflächen vieler Pflanzen kaum verschmutzen. Er konnte dieses Phänomen mit zwei Eigenschaften der Blattoberfläche erklären: mit der Mikrostruktur der Oberfläche, die eine Rauigkeit bedingt, sowie mit aufgelagerten, wasserabstoßenden Wachskristallen im Nanometerbereich. Die Kombination von Aufrauung und hydrophober Oberfläche dient dem Schutz vor dauerhafter Kontamination. Rollt ein Tropfen über die nur lose anliegenden Schmutzpartikel hinweg, dann werden sie wegen der sehr geringen Adhäsion an die Oberfläche mitgerissen und vom Blatt entfernt. Der an den Blättern der Lotusblume beobachtete Selbstreinigungseffekt lässt sich auch bei vielen anderen Blättern, zum Beispiel beim Frauenmantel und der Kapuzinerkresse, nachweisen.

Inzwischen stehen schmutzabweisende oder selbstreinigende neue Werkstoffe mit Beschichtungen nach dem Prinzip des Lotus-Effekts zur Verfügung. Mögliche Anwendungsgebiete liegen vor allem in der Beschichtung von Textilien, Fassaden und Dächern.

Bei der Suche nach einer Idee für eine atmungsaktive Kleidung stieß Julian Vinzent im Jahr 2004 auf Kiefernzapfen, die sich Temperaturänderungen anpassen. Er notierte in sein Tagebuch: »Ich suchte nach einem nicht lebenden System, das sich durch Formveränderung Feuchtigkeitsveränderungen anpasst«. Auf der Suche nach einem Vorbild aus der Natur stieß er auf den Kiefernzapfen, der sich bei Wärme öffnet, um seine Samen freizugeben, und der sich bei Kälte und Nässe schließt.

Mit Sicherheit werden in Zukunft verstärkt bionische Prinzipien umgesetzt.

Im Bauingenieurwesen ist eine Selbstoptimierung von Bauteilen zu erwarten, wie es beim adaptiven Wachstum von Bäumen sowie von Säuger-Knochen zu beobachten ist. Das Ergebnis ist eine gleichmäßige Spannungsverteilung. Bei Stämmen und Ästen der Bäume ist für das sekundäre Dickenwachstum das *Kambium* verantwortlich, eine hohlzylinderförmig verlaufende Gewebeschicht. Registriert das Kambium eine lokal erhöhte Spannung, so bildet es dort dickere Jahresringe aus. Damit wird die Bruchgefahr gebannt, und die Spannungen werden ausgeglichen. Somit kann man bei Bäumen die Lastgeschichte ablesen! Im Knochen dagegen wird unterbelastetes Material abgebaut; in überbelasteten Bereichen wachsen Knochen.

Ingo Rechenberg von der TU Berlin hat sich in seiner inspirierenden und durchaus vergnüglichen Abhandlung »Eine bionische Welt im Jahr 2099« Gedanken über zu erwartende bionische Entwicklungen gemacht. Ein Schwerpunkt wird mit Sicherheit die Nanotechnologie sein. Es ist abzusehen, dass die nanobionische Fertigung folgende Prozesse als Vorbild nutzen wird: molekulare Erkennung, molekulare Selbstreproduktion und Wachstum. Aber auch die Energietechnik und die Bionik der Abfallbeseitigung und Wiederverwertung werden weitere Schwerpunkte sein. Schließlich wird auf die Computertechnik verwiesen, unter anderem auf Selbstprogrammierung über einen evolutionsanalogen Prozess (neuronale Computer).

Zu erwartende Erfindungen sind molekulare Maschinen (abgeschaut von der ATP-Synthase), Selbstorganisationsprozesse an Oberflächen (abgeleitet von der Biomembransynthese) sowie Informationsnetzwerke, wie sie bei neuronalen Prozessen im Gehirn, aber auch bei unserem Immunsystem eine Rolle spielen.

Selbst im Bereich der Wirtschaft und dem Organisationswesen werden bionische Lösungen Einzug halten. Der Nestor der deutschen Bionik-Forschung Werner Nachtigall bezeichnet diesen Bereich *Organisationsbionik*. Er verweist darauf, dass »komplexes Management auch heute noch nicht in der Lage ist, vorausschauend allen Anforderungen eines auch nur mittleren Industriebetriebs gerecht zu werden. Im Gegensatz dazu laufen Organisationsfragen im Bereich der Biologie, sei es im Einzelorganismus, in ganzen Organisationssystemen oder sogar in ökologischen Systemen äußerst störungsarm ab«. Von großer Bedeutung sind dabei Entscheidungsvorbereitung und Entscheidungsfindung. Hier sind vor allem Neurologen, Neurobiologen und Bioinformatiker gefordert.

Schließlich sei auf die künstlichen neuronalen Netze verwiesen. Ihre Vorbilder sind die natürlichen neuronalen Netze, die Nervenzellvernetzungen im Gehirn und im Rückenmark bilden. Künstliche neuronale Netze spielen besonders in der Informatik eine wichtige Rolle und stellen einen Zweig der künstlichen Intelligenz dar. Ihre Leistungsfähigkeit zeigt sich z. B. darin, dass ein darauf basierendes Computerprogramm, AlphaGo 2015, einen Sieg über den damals stärksten Go-Spieler der Welt errang. Ähnliches gilt für Schach, wo AlphaGo 2017 die Nummer eins der Weltrangliste, Ke Jie, besiegte.

Bei Zukunftsplanungen sollte man den Empfehlungen folgen, die Antoine de Saint-Exupéry (1900–1944) zugeschrieben werden, dem Existenzialisten und Dichter, der gleichzeitig Pilot war: »Wenn du ein Schiff bauen willst, so trommle nicht Leute zusammen, um Holz zu beschaffen, Werkzeug vorzubereiten, Aufgaben zu vergeben und die Arbeit einzuteilen, sondern wecke in ihnen die Sehnsucht nach dem weiten, endlosen Meer.«

Biotechnologie

Im weitesten Sinne zählt zur Biotechnologie jede Technik, die lebende Organismen oder Teile von Organismen benutzt, um Produkte herzustellen oder zu modifizieren. Hierzu zählt auch, die Eigenschaften von Pflanzen oder Tieren zu verbessern sowie Mikroorganismen für spezielle Zwecke zu entwickeln. Die Zellbiologie ebenso wie die Bioinformatik spielen dabei eine zentrale Rolle.

Die Biotechnologie verfügt über eine mehr als 6000 Jahre alte Tradition, denn Biotechnologie wird seit dem Altertum zur Herstellung und Veredelung von Nahrungsmitteln genutzt. Bier ist eines der ältesten Kulturgetränke der Welt. Der früheste noch existierende Hinweis auf das Bierbrauen wird im Louvre von Paris aufbewahrt. Es handelt sich um kleine sumerische Tontäfelchen aus einer Zeit vor 4000 Jahren v. Chr. Darauf sieht man, wie Getreide von den Spelzen befreit wird, wie daraus Fladen gebacken und diese zu Bier vergoren werden. Ein weiterer früher Hinweis auf Bier ist dem Gilgamesch-Epos zu entnehmen, einem der ersten Großwerke der Weltliteratur aus dem 3. Jahrtausend v. Chr. Darin wird beschrieben, wie der Urmensch *Enkidu* erst durch das Trinken von Bier zum zivilisierten Menschen wurde.

Später kam die Herstellung von Brot, Wein und Milchprodukten wie saure Milch und Käse hinzu. Beim Prozess der Milchsäurefermentation nutzt man den Stoffwechsel von Hefen und Bakterien. Das Verfahren dient der Haltbarmachung von Milchprodukten. Die genannten Bereiche umfassen die traditionelle Biotechnologie.

Die moderne Biotechnologie setzt zunehmend molekularbiologische Verfahren ein. Fortschritte im Verständnis der Gene und ihrer Regulation haben ein völlig neues Gebiet geöffnet: die *Gentechnik*. Mit ihr ist es möglich geworden, Gene im Reagenzglas zu verändern, gegebenenfalls mit anderen zu kombinieren (auch mit Genen anderer Organismen) und diese rekombinante DNA wieder in lebende Zellen einzuschleusen, wo sie exprimiert und repliziert wird. Gentechnik umfasst alle Methoden zur Isolierung, gezielten Veränderung und Übertragung von Erbgut. Es handelt sich um eine Schlüsseltechnologie, und sie ist durch eine hohe Wertschöpfung bei relativ geringem Einsatz von Rohstoffen und Energie gekennzeichnet.

Die gentechnischen Methoden haben große Ähnlichkeiten mit der Wirkungsweise eines Texteditors, wie wir ihn zum Bearbeiten eines Textes am Computer nutzen. Mit seiner Hilfe kann man aus einem Text Passagen entfernen, verändern, kopieren und diese in einen anderen Text einsetzen. Worte erhalten durch Änderung, Hinzufügung oder Weglassen eines einzigen Buchstabens einen völlig anderen Sinn, wie zum Beispiel das Wort »Schutz«, aus dem durch Austausch oder Hinzufügen eines einzigen Buchstabens »Schutt« oder »Schmutz« wird.

In entsprechender Weise lassen sich DNA-Stücke aus einer Wirtszelle isolieren, kopieren und mithilfe sogenannter *Gen-Fähren* in die DNA eines anderen Organismus einsetzen. Ebenso können Gene durch Austausch einzelner Nukleotide zu veränderten Genprodukten und Funktionen führen. Oft genügt schon die Ausschaltung eines einzigen Gens, um den Stoffwechsel in eine andere Richtung zu lenken.

Ein wichtiger Fortschritt in der Gentechnik ist das *Genome Editing* mithilfe des CRISPR/Cas9–Systems. Dieses wird seit 2012 als Genschere eingesetzt, um DNA gezielt zu schneiden und anschließend zu verändern. Auf diese Weise können routinemäßig einzelne Gene umgeschrieben oder »editiert« werden. Defekte Gene lassen sich somit reparieren.

Einige Anwendungen der Gentechnik sollen exemplarisch vorgestellt werden: Im Bereich der Agrarwissenschaften steht an erster Stelle die Optimierung von Pflanzen zur Verbesserung der Erträge, aber auch zur verbesserten Anpassungsfähigkeit an ungünstige Umweltbedingungen mithilfe der *grünen Gentechnik*. Darunter versteht man den Einsatz gentechnischer Verfahren in der Landwirtschaft. Natürliche Veränderungen des Genoms, beispielsweise durch Mutationen, natürliche Rekombination oder durch Kreuzung fallen nicht unter den Begriff »gentechnisch veränderter Organismus (GVO)«.

Ein Beispiel für eine typische gentechnische Veränderung findet man bei der Kartoffel: Für bestimmte industrielle Anwendungen ist es wichtig, Sorten mit hohen Amylopektin-Anteilen zu nutzen. Diese Stärkekomponente spielt eine große Rolle bei der Herstellung von Kleistern, Kleb- und Schmierstoffen. Für diesen Zweck wurde gentechnisch der Amylose-Gehalt zugunsten der Amylopektin-Produktion verringert.

Im Rahmen der Gentechnik profitiert man von der Möglichkeit, gleichzeitig mehrere Gene aus geeigneten Sorten auf Empfängerpflanzen zu übertragen. Gerade im Bereich der Entwicklungsländer hegt man hohe Erwartungen, Pflanzen besser an Trockenheit und salzhaltige Böden anzupassen – die wichtigsten Faktoren, die dort die Erträge begrenzen. Probleme bereitet außerdem die Anfälligkeit gegenüber Viren und Pilzinfektionen, die sich mit gentechnischen Methoden verringern lässt.

Ein weiteres Anliegen ist die Verbesserung der Nahrungsqualität, zum Beispiel durch Erhöhung des Anteils essenzieller Aminosäuren bei Getreide und Leguminosen. Im Sinne des Umweltschutzes hofft man, mithilfe der grünen Gentechnik den Einsatz von Düngemitteln, Pestiziden und anderen Agro-Chemikalien reduzieren zu können.

Zu den potenziellen Risiken zählen

1. die ungewollte Ausbreitung von Genen der gentechnisch veränderten Organismen in der Natur, was zur Resistenzbildung unter Schädlingen führen könnte,

2. allergische Erscheinungen durch Genfood bei empfindlichen Menschen,

3. die Verringerung der Biodiversität durch Verdrängung bisheriger Arten und Gene durch gentechnisch veränderte Organismen und

4. die Abhängigkeit von Agro-Konzernen, die sich im Gegensatz zu kleineren Firmen kostspielige Gentechnik-Forschung leisten können und damit die Kosten für entsprechendes Saatgut festlegen.

Noch kritischer sind verschiedene Einsatzmöglichkeiten der Biotechnologie in der Medizin. Wenig Widerspruch wird es geben, wenn es um die Herstellung von Arzneimitteln und Impfstoffen mithilfe rekombinanter Mikroorganismen geht, wie zur Therapie von Krebs- und Viruserkrankungen.

Anlass zu größerem Diskussionsbedarf geben Themen wie *Gendiagnostik* und *Reproduktionsmedizin*. Die Gendiagnostik gibt es allerdings nicht erst seit heute. Sie wird bereits seit über 35 Jahren betrieben, als die ersten Fruchtwasserproben für die vorgeburtliche Diagnose entnommen wurden. Während sich damals die Analysen auf mikroskopisch beobachtbare Veränderungen der Chromosomen beschränkten, vermittelt heute die vollautomatische Sequenzierung der DNA, die aus dem Zellkern von weißen Blutzellen entnommen wird, und die DNA-Chiptechnologie ein genaueres Bild vom Erbgut.

Gentests, von denen heute weit über 100.000 pro Jahr in Deutschland durchgeführt werden, setzt man in der vorgeburtlichen Diagnostik ein. Sie liefern eine Voraussage, ob ein Fötus lebensfähig ist oder nicht und ob ein Schwangerschaftsabbruch in Erwägung gezogen werden muss. Sie können auch zur Bewertung von Gesundheitsrisiken bei Erwachsenen herangezogen werden. Kennt man zum Beispiel das Risiko für genetisch bedingte Herz-Kreislauf-Erkrankungen, lässt sich durch Umstellung der Lebensweise, insbesondere der Ernährung, dieses Risiko senken. Gentests sind eine besonders wichtige Entscheidungshilfe für die Therapie von Krebserkrankungen, beispielsweise über die Wahl zwischen Operation oder anderen Behandlungsmöglichkeiten.

Und schließlich spielen Gentests eine immer größere Rolle in der Kriminalistik zur Identifizierung von Verbrechern.

Ganz anders sieht es jedoch aus, wenn der Blick ins Erbgut von Versicherungsgesellschaften oder Arbeitgebern genutzt werden sollte, um eine Entscheidung über den Abschluss einer Versicherung oder über eine Einstellung zu treffen.

Wohl kaum ein anderes Gebiet ist in der Öffentlichkeit so umstritten wie die Gentechnik. Die Bedenken gelten vor allem den Gefahren, die jede Art von Technik mit sich bringt. Wir wissen um die Technik, die Kriege in der Dimension der beiden Weltkriege einschließlich der Atombombenabwürfe in Japan überhaupt erst möglich gemacht hat. Die Furcht vor dem technischen Fortschritt hat sich heute – und dies dürfte symptomatisch für das 21. Jahrhundert sein – vom Bereich der Physik und Chemie samt ihren ingenieurwissenschaftlichen Umsetzungen in einen anderen Bereich verlagert: in den Bereich der Biologie. Die Bedenken gelten den Risiken, etwa der unbeabsichtigten Freisetzung gefährlicher Pathogene, die durch genetische Manipulation von Mikroorganismen entstanden sind, oder noch schlimmer, die Herstellung und Verwendung von Biowaffen.

Ethische Bedenken sind angebracht, wenn es um die Manipulation des menschlichen Erbguts geht. Der Eingriff in das Humangenom, vor allem auf der Ebene der embryonalen Stammzellen, könnte zu unvorhersehbaren und unkontrollierbaren Folgen führen, die weit über das hinausgehen, was wir uns heute vorstellen. Es ist die Horrorvorstellung einer »Züchtung« neuer genmanipulierter Menschen.

Die künstliche Erzeugung eines Menschen, eines Automaten – diese Idee lässt sich bis in die Antike zurückverfolgen. Besonders eindrucksvoll hat diesen Albtraum E. T. A. Hoffmann (1776–1822) in einem seiner »Nachtstücke« beschrieben. Er ließ seinen Professor Spalanzani einen Automaten zur Schau stellen, in Gestalt eines engelgleichen Wesens, das man für einen Menschen hätte halten können. Hätte Hoffmann in der heutigen Zeit gelebt, er hätte seinem Professor Spalanzani andere Möglichkeiten an die Hand gegeben. Sein Automat *Olimpia,* der dem Studenten Nathanael den Kopf verdreht hatte, wäre vermutlich keine mechanische Puppe gewesen, sondern ein künstliches Geschöpf, mit den Mitteln der Gentechnik erzeugt. Aber auch so verfehlte der Automat seine Wirkung nicht. E. T. A. Hoffmann beschreibt mit den grandiosen Mitteln des Dichters, wie sich der Bewunderer des Automaten selbst zugrunde richtet.

Wozu dieser Hinweis? Es geht um die Ambivalenz der Technik. Sie wiederholt sich auf jeder Stufe, auf der naturwissenschaftliche Erkenntnisse genutzt werden. Und diese Ambivalenz wird gerade im Bereich der Gentechnik sichtbar. Denn wer könnte, um die positiven Seiten zu nennen, ernsthafte Einsprüche erheben gegen die rekombinante Produktion von Medikamenten, zum Beispiel Insulin, das von gentechnisch veränderten Mikroorganismen bereitgestellt wird, um den notwendigen Bedarf an humanem Insulin zu decken? Wer möchte sich Forschungen widersetzen, die darauf hinzielen, *adulte Stammzellen* so zu manipulieren, dass diese vielleicht zur Heilung von Alzheimer, Parkinson oder anderen neurodegenerativen

Erkrankungen eingesetzt werden können? Denn adulte Stammzellen können aller Wahrscheinlichkeit nach die ethisch bedenkliche Verwendung von embryonalen Stammzellen sowie das therapeutische Klonen ersetzen. Mit anderen Worten: Auch hier erkennen wir die aufgezeigte Ambivalenz: Technik lässt sich für positive wie auch für negative Ziele einsetzen.

Hieraus ergibt sich die grundsätzliche Frage: Wie lässt sich ein möglicher Missbrauch verhindern? Wer übernimmt hierfür Verantwortung, wer ergreift die Initiative? Über dieses Problem wird nachgedacht, seitdem es Naturwissenschaften gibt, mit deren Hilfe der Mensch eine Umsetzung der naturwissenschaftlichen Erkenntnis in technische Anwendungen betreibt.

Interessant ist die Meinung des griechischen Tragödiendichters Euripides (480–406 v. Chr.): »Wer Erkenntnis gewann vom erkundbaren Wesen der Dinge (…), der erliegt nicht der Versuchung zu schändlichem Handeln«. Möglicherweise wäre ein Euripides 2000 Jahre später nicht mehr so optimistisch gewesen.

Interessant ist weiterhin, dass der Mathematiker und Astronomen Johannes Kepler (1571–1630) die ethische Begründung der Naturforschung betonte. Er schrieb: »Der Forscher ist Priester am Werk Gottes. Er ist verpflichtet, mit seinem Verstand die Wunder der Schöpfung zu erkennen und das Erkannte allen Menschen zugänglich zu machen. Denn diese Studien leiten das Sinnen von Ehrgeiz und anderen Leidenschaften, aus denen Kriege und andere Übel hervorgehen, zur Friedensliebe und Mäßigung in allen Dingen hin«. So weit Kepler.

Damit sind die Quellen für den Missbrauch klar definiert: falscher Ehrgeiz, Machtstreben um jeden Preis – Eigenschaften, die den ethischen Grundsätzen und damit jeder Verantwortlichkeit zuwiderlaufen. Hinzukommt noch die Selbstüberschätzung, in die der Mensch leicht verfallen und mit der er sich und seine Mitwelt gefährden kann.

Nur wie sieht es in der Wirklichkeit aus, wenn es darum geht, Verantwortung zu übernehmen, Initiative zu ergreifen? Es ist eine Forderung, die gern von einer Gruppe auf eine andere geschoben wird, von den Wissenschaftlern zu den Politikern und umgekehrt. Der Erfolg ist auf diese Weise zweifelhaft, da das Prinzip nur funktionieren kann, wenn sich jeder daran hält, mit anderen

Worten: wenn er bereit ist, selbst Verantwortung zu übernehmen.

Doch zurück zur Technik. Die Frage ist: Gibt es Möglichkeiten oder gar Maßnahmen, einerseits den technischen Fortschritt zu fördern, wie er bei zunehmender Weltbevölkerung unverzichtbar ist, und andererseits die Gefahr des Missbrauchs zu minimieren? Leider gibt es kein Patentrezept, sonst könnte die Menschheit sorgloser in die Zukunft blicken. Aber es gibt eine Reihe von Ansätzen und Maßnahmen, mit denen sich potenzielle Gefahren einschränken und verringern lassen. Hier sind ganz besonders die Wissenschaftler und die wissenschaftlichen Ausbildungsstätten gefordert. Zu diesen Maßnahmen zählt nicht zuletzt eine Förderung der Bildung, die ein humanes Menschenbild vor Augen hat. Hierzu gehört auch, Respekt vor Leben zu vermitteln. Strenge ist gegenüber denjenigen zu üben, welche die allgemein anerkannten ethischen Grundsätze übertreten. Ein strengerer Ehrenkodex in der Wissenschaft könnte vieles im Keim ersticken, was sich später unkontrollierbar zum Schaden für Mensch und Natur entwickelt.

AUSBLICK

Die Frage »Was ist Leben?« ist heute so aktuell wie eh und je. In der Vergangenheit haben sich die herausragendsten Wissenschaftler um diese Frage bemüht. Mit ihren visionären Antworten haben sie sogar völlig neue Teilgebiete der Biologie eröffnet. Das bedeutendste Beispiel lieferte Erwin Schrödinger (1887–1961), ein österreichischer Physiker, der im Jahr 1945 in seinem Buch »What is life?« das Konzept des genetischen Codes einführte und somit die Molekularbiologie begründete.

Der theoretische Biologe Ludwig von Bertalanffy (1901–1972) legte mit seinen Büchern »Biophysik des Fließgleichgewichts« (1953) und »General System Theory« (1968) den Grundstein für die Systembiologie.

Aus heutiger Sicht sind die grundlegendsten Eigenschaften, die selbst auf die einfachsten Lebewesen zutreffen und zugleich die Minimalanforderungen darstellen:

- die Fähigkeit zur Speicherung und Weitergabe genetischer Information,
- das Verhalten und als offenes, selbsterhaltendes System,
- die Fähigkeit zur Evolution.

Viele weitere, dem einen oder anderen vielleicht vertrautere Eigenschaften lassen sich daraus ableiten. Dennoch bleibt dabei vieles offen. Völlig ausgespart bei unseren Betrachtungen blieben die Phänomene Bewusstsein, Geist und Seele – Dinge, die uns Menschen vor allen übrigen Lebewesen auszeichnen.

Ausgespart blieben auch erkenntnistheoretische Probleme bei der Definition von Leben. Vor allem von Seiten der Physik wird auf Folgendes hingewiesen: Der Versuch, die Frage »Was ist Leben?« zu beantworten, läuft immer darauf hinaus, Leben aus sich selbst heraus zu verstehen. Zählt doch derjenige, der Aussagen über das Leben machen will, selbst zu den lebendigen Systemen. Das heißt, ein lebendiges System möchte sich selbst verstehen! Dies führt zu dem Problem, dass wir vermutlich niemals zu einem vollständigen Wissen über das Leben gelangen können.

»Was wir wissen, ist ein Tropfen, was wir nicht wissen, ein Ozean«. Dies hat einmal der Physiker Isaak Newton (1643–1727) geäußert. Der Arzt und Philosoph Albert Schweitzer (1875–1965) ging noch einen Schritt weiter, indem er sagte: »Die Wissenschaft, richtig verstanden, heilt den Menschen von seinem Stolz. Sie zeigt ihm seine Grenzen«. Vermutlich hätte er auf die Frage »Was ist Leben?« mit seinem Appell geantwortet: »Ohne Ehrfurcht vor dem Leben hat die Menschheit keine Zukunft.«

ÜBER DEN AUTOR

Foto: Robert Faessler

Bertold Hock und sein Lehrstuhl wurden international bekannt durch bahnbrechende Arbeiten zum Nachweis von Pestiziden und Umweltschadstoffen mit Hilfe der Immunanalytik. Er war maßgeblich am Konzept der wirkungsbezogenen Analytik beteiligt, einer Kombination von Biotests und chemischer Analytik. Er machte sich einen Namen als Autor und Herausgeber vieler Forschungsartikel und Bücher. Hock war bis zu seiner Emeritierung Inhaber des Lehrstuhls für Zellbiologie an der Technischen Universität München.

LITERATUR

Bertalanffy, Ludwig von: *General System Theory.*
George Brazillier 1968

Crick, Francis: *Das Leben selbst. Sein Ursprung,
seine Natur.* Piper Verlag 1983

Dürr, Hans-Peter/Popp, Fritz-Albert/Schommers,
Wolfram: *What is Life? Scientific Approaches
and Philosophical Positions.* World Scientific
Publishing 2002

Eigen, Manfred: *Stufen zum Leben. Die frühe
Evolution im Visier der Molekularbiologie.*
Piper Verlag 1987

Gleich, Arnim von: *Bionik. Ökologische Technik
nach dem Vorbild der Natur?* Vieweg und
Teubner Verlag 1998

Hohbohm, Carsten: *Biodiversität.* Quelle & Meyer
Verlag 2000

King, Alexander/Schneider, Bertrand: *Die erste globale Revolution. Ein Bericht des Rates des Club of Rome*. Horizonte Verlag 1996

Lorenz, Konrad: *Darwin hat recht gesehen*. Neske Verlag 1965

Mayr, Ernst: *Das ist Evolution*. C. Bertelsmann Verlag 2003

Nachtigall, Werner: *Bionik. Lernen von der Natur*. C. H. Beck Verlag 2008

Schrödinger, Erwin (1951): *Was ist Leben?* Leo Lehnen Verlag 1951

Urry, Lisa A./Cain, Michael (et al.): *Campbell Biology 11th Edition*. Pearson 2017

STICHWORTVERZEICHNIS